U0087881

科學

另一種鼓聲

——科學筆記

高涌泉 ——

著

三民書局

誌　謝

　　本書記錄了一些我認為有意思的科學人物、事情以及自己的某些感想。

　　這年頭，科學的分工愈來愈細，科學行內的人也未必有時間去瞭解與思索一些分外的事；所以我寫作的時候，私下想像著我想講的這些東西應該是連我科學界的同事也會覺得新鮮有趣的。不過如果沒有他人的督促，我還是不可能把它們寫出來。這些「他人」，依時間的順序是：王道還、施淑清、黃金鳳、張成華與王盛弘，後面四位輪流每隔三個星期就會提醒我該交稿了。本書就是過去三年我所寫的專欄文章修訂整理後的結集。

　　另一股令我無法不寫下去的力量來自我的專欄「接力」夥伴——潘震澤與王道還。他們一篇一篇地寫，成為無聲的榜樣，讓我只能跟著跑下去。我從他們的文章學到很多東西。我在這裡謝謝這些「意料之外」的朋友。此外我也要謝謝黃小玲、許光中和張海潮提供意見。

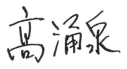

2003/10/20

另一種鼓聲
——科學筆記

目次 ————

2001
01/31

1. 自然哲學的數學原理

　　近代科學的主要特徵之一就是高度的數學化。尤其是物質科學，例如物理、化學等，所有的定律莫不是以數學公式來表達。有些物理學家還敢理直氣壯地說，這些以數學表達的物理定律是超越文化與時空的「真理」。如果在宇宙的另一個角落有高度文明的存在，那裡必然也有例如與 $E = MC^2$ 一模一樣或數學上等價的定律。或者說，即使人類文明消失了，像 $E = MC^2$ 這樣的真理依然會存在於「某個地方」（例如「柏拉圖的世界」）。如果這樣的信念有些道理，數學就不僅是一種特別的工具，可以一絲不苟地處理長串的邏輯推理而已，它可說是已經碰觸到自然的本質了。

　　從兩千年前的希臘哲人到十六世紀的伽利略 (Galileo Galilei, 1564-1642)，認識（或是說猜測）到數學的重要性與根本性的自然哲學家不能說很稀少，但是他們都未能舉出重要的例子以為佐證，所以自然哲學還是不能明確地過渡到科學。一直要等到 1687 年牛頓 (I. Newton, 1642－1727) 發表了《自然哲學的數學原理》 (*Philosophiae Naturalis Principia Mathematica*) 這一巨著（以下簡稱《原理》），數學的必要性才算確立。依名物理學家萬伯格 (S. Weinberg, 1933-2021) 的看法，牛頓的工作引發了有史以來僅有的一次科學革命，其他所謂的「革命」只能算是牛頓革命的餘波而已。牛頓在取書名時，顯然是受了笛卡兒 (R. Descartes, 1596-1650) 所著

的《哲學原理》(*Principia Philosophiae*) 一書的影響。牛頓曾經很仔細地研讀過《哲學原理》，發現裡頭談到自然哲學的部分有很多其實是錯誤的。牛頓的書名一方面聲明他與笛卡兒不同，不會談論一般性哲學問題，而只研究「自然哲學」，另一方面強調他所發現的原理是數學性的。研究牛頓的專家認為，他想以《原理》取代笛卡兒的《哲學原理》的用意至為明顯。

　　牛頓的《原理》是以拉丁文撰寫而成，格式則參考了歐幾里得 (Euclid, 365? B.C.-275? B.C.) 的《幾何原本》(*Elements*)。《原理》一開始就下了八個定義，說明什麼是「物質的量」、什麼是「向心力」等等。接下來是公設，就是大家熟悉的三大運動定律及一些引理。再來全書就分成三篇，頭兩篇皆名為「物體的運動」，第三篇名為「世界體系」，每一篇都有許多定理、引理、子理以及證明，中間還穿插了許多評注。綜合地說，牛頓以極高明的幾何分析方法，圓滿地將克卜勒行星三大運動定律包融在一個宏偉的力學體系中，並由此確立了物質間一種基本作用力，也就是萬有引力。任何兩個物體不論是天上的恆星、行星或月亮，或是地球上的蘋果與石頭——它們之間都有一股相吸的力，其大小與兩者質量的乘積成正比，與兩者距離的平方成反比。這個力學體系的核心是牛頓運動方程式。只要理解物體受力的形態，其運動的全貌就清清楚楚了。所以過去無從著手的難題，像是流體問題、潮汐現象、彗星軌跡等，在此力學架構之下，紛紛迎刃而解。難怪當時的人們馬上就體認到牛頓的《原理》是一項劃時代的偉大成就。

　　所以從思想的層面來講，牛頓的成就在於讓人們體認到，表面上毫不相干的現象（例如蘋果落地和月球繞地球），其實有著非常微

妙而隱密的關連，只有透過數學才能看出這個隱密的關連。有詩人說，「從一粒砂看世界」；更好的講法應該是，「從一個方程式可以看全宇宙」。《原理》之所以成書，也有幾分傳奇性。故事起於 1684 年的夏天，天文學家哈雷 (E. Halley, 1656-1742) 拜訪牛頓，想問他能否解決自己和虎克 (R. Hooke, 1635-1703)、瑞恩 (C. Wren, 1632-1723) 都無能為力的一個問題，亦即受平方反比重力影響的行星，其運動軌跡為何？沒想到哈雷才一問，牛頓馬上就回答說是橢圓。哈雷大吃一驚，希望能看到證明。牛頓雖然一時找不到原先的證明，但答應哈雷儘快補一份給他。數個月後，牛頓寫出了一篇短文〈論運動〉(“De Motu”) 給哈雷，裡頭已有《原理》一書的雛形。在哈雷的敦促下，牛頓才著手撰寫《原理》，完整地闡明他的力學體系。這本巨著從 1685 年初至 1686 年中，花了一年半才完成。科學史家認為，牛頓應該是在 1679-1680 年間解決了行星軌道問題，卻沒公開宣揚。為什麼牛頓會如此，仍是個謎，沒有定論。

　　瞭解些許數學發展史的人都知道，牛頓也是微積分的發現者之一（萊布尼茲 (G. Leibniz, 1646-1716) 稍後也獨立發現了微積分）。在《原理》中的許多證明當然含括了微積分的精神。但是讀者可能還是會訝異於牛頓在書中沒有明明白白地使用微積分的語言，這使得現代讀者在閱讀時會感到困難。著名天文學者錢卓塞卡 (S. Chandrasekhar, 1910-1995) 在過世前數年曾仔細研讀《原理》。他的方法是在看到一個定理敘述之後，先嘗試自己證明一遍（當然他占了三百多年「後見之明」的便宜），然後再對照牛頓的證明。他發現牛頓的證明往往是更高明的，由此他才能更深切地體認牛頓的數學天才。錢卓塞卡還以他的經驗為一般讀者寫了一本《原理》現代版

(*Newton's Principia for the Common Reader*)，不過讀者會發現這本現代版還是不好讀。

　　《原理》英文譯本出版於 1729 年，譯者是莫特 (A. Motte, 1696-1734)。他不是什麼顯赫的學者，不過顯然翻譯的功力不錯，二百多年來沒有新的替代譯本出現，僅在 1934 年有新的修訂版而已。一直到 1999 年，加州大學出版社才推出全新的英譯本，譯者是著名科學史家柯恩 (I. Cohen, 1914-2003) 與安妮・惠特曼 (A. Whitman, 1937-1984) 女士，柯恩還為此譯本寫了一長篇導讀。對現代讀者（如我）而言，使用現代詞彙的新譯本顯然是更易入手的。不曉得什麼時候才能看到類似的摩登中文譯本。

2. 兩種文化？

　　英國人查爾斯·史諾 (C. P. Snow, 1905-1980) 於 1959 年 5 月，在劍橋大學一年一度的「瑞德講座」發表了一場演講，名為「兩種文化與科學革命」。史諾的「兩種文化」指的是兩類差異甚大且漸行漸遠的知識分子，也就是文學家與科學家。一邊是「懷舊而保守」，另一邊是「膚淺而樂觀」。他們彼此不相契投，甚至可以說相互還有點敵意，說這兩類人活在不同的文化中並不為過。史諾舉詩人艾略特 (T. Eliot, 1888-1965) 與物理學家拉塞福 (E. Rutherford, 1871-1937) 為兩大陣營的代表人物。所以史諾所謂的兩種文化就是科學文化與非科學文化。而文學家被當作非科學文化氛圍的代表，只因他們最能「說出非科學社群的感受」。事實上史諾的科學社群也包括了技術專業人員。今天我們常把人文（包括宗教、哲學、藝術、文學）與科技對比在一起，這與史諾兩種文化的原意相去並不遠。

　　史諾顯然認為他可以跨越隔離兩種文化的鴻溝。他所依恃的是，他受過正統的科學訓練，曾在知名的卡文迪西實驗室研究紅外線光譜，熟識許多知名的科學家；而且他後來開啟了寫作生涯，出版過一系列暢銷的小說。也就是說，他有物理學家與小說家雙重身份，取得談論兩種文化的某種權威性。在演講中史諾抱怨科學與文學相互不瞭解，對英國來說是一大損失。科學家固然沒有什麼藝術涵養（頂多「讀過一點狄更斯 (C. Dickens, 1812-1870)」），而傳統文人

對科學的無知更是嚴重。史諾認為,「熱力學第二定律」應該和莎士比亞 (W. Shakespeare, 1564-1616) 的作品一樣, 是每個人必備的知識。他對於學生只接受了專業化教育,不能成為健全的人才感到相當遺憾。

史諾對科技寄予很高的期許。因為有科技,人類才能免於飢餓與疾病,而延長壽命。今日我們可能不易想像,在十七、十八世紀,人類的平均壽命約只有現今的二分之一而已。此外,要消除富國與貧國之間的差距也必得依賴科技。無論是政治家還是文學家都必須有足夠的科學素養,不能對科學一無所知。

史諾的演講稿後由劍橋大學出版成書,迴響不斷。有熱烈贊成的,也有嚴詞批評的。很多人認為,當務之急在於提昇非科學家的科學素養,而非提昇科學家的文學素養。史諾對於科技發展所懷抱的樂觀態度,也有人很不以為然。即使是兩種文化的說法也引人非議:科學與非科學的分界線真有那麼明確嗎?兩者的分野是科學哲學家日夜苦思、卻還一直講不清楚的事。而且這種說法也忽略了科學家之間的異質性,事實上,一位理論物理學家與海洋生物學家的差異恐怕不小於他與哲學家的差異。此外,把技術與科學不加區別地擺在一起也有人不贊同。

這些批評在史諾看來都沒能夠擊倒他的論點。他認為他的文章能夠引出一大堆的討論文獻,正好證明了他的想法「一點都不具原創性」,而是「早已瀰漫在空氣中」,就算他不說,也會有其他人將它說出來;而且這些想法就算不全然正確,也「必然有些道理」,才能引發共鳴。

　　在臺灣，不論是官方或民間，也很熱衷於人文與科技的對話。早在二十年前，就有代表人文科學的余英時 (1930-2021) 與代表自然科學的吳大猷 (1907-2000) 對談兩門學問「應如何均衡發展」。近幾年來，這種對話的場合愈來愈多，只是與談者多已改由佛教高僧與半導體業巨人上場。對談的焦點則變為如何加強人文關懷與肯定人的尊嚴。從這些轉變我們可以看出，科技在現世社會的高度優勢地位。雖然科技專家的道德感並沒有明顯地低於（或高過）文學家、政治家或木匠，人們還是很擔心科技人忽視了他們的道德責任，所以大家就轉向宗教，期待它可以發揮「教化」的功能。

　　在西方國家，科學與宗教的關係也一直是停不下來的話題。不過他們多半在爭論兩者間的矛盾與衝突，不似我們比較有實用傾向的討論。就理念上講，科學可算是人文的一部分，二者都是人以主體意識去創造出來的東西。所以科學不應該與人文或宗教去對話，反而是人文應該與宗教對話，大家可藉此好好省思人存在的意義。

　　為了回應眾多的評論，史諾在 1963 年發表了〈兩種文化：重新審視〉一文。文中並沒有改變他的基本立場，不過他倒是同意以「熱力學第二定律」作為一般人科學知識的判準是不恰當的，因為它太難了。史諾提出了一個新的判準：分子生物學，認為它應該是「大眾文化裡不可或缺的科學常識」。如今基因已成為大眾非常熟悉的詞彙，回頭來看，我們還是得稱讚史諾的眼力。

3. 科學革命為什麼沒有發生在中國？

　　「科學革命為什麼沒有發生在中國？」是一個老問題，討論過它的中外學者不計其數。但近年來，這個問題卻少被提起，或許是因為大家覺得現在最需要的是好好地去做科學研究，不必浪費時間再去思索這個可以說是已有結論，也可以說是不容易有結論的問題。我的看法倒不是如此，我認為臺灣的學術界對於科學本質省思的深度還是不夠。透過思索科學與中國文化的關係，以求更深刻地瞭解科學的意義，仍是非常值得做的事。

　　要思索上述問題，不可忽略以下三點考慮：第一，科學非技術，技術的歷史比科學悠久多了。今天雖然科學與技術密不可分，但這是一個十九、二十世紀——尤其是二十世紀下半葉——以來才有的新現象。在此之前，科學有欠於技術，而技術並未從科學得到回報。第二，科學革命不僅沒有在中國出現，也沒有出現在埃及、印度、中亞等也有高度文明的地區，而只誕生在西歐，所以中國人沒有發展出科學是很正常的。第三，科學革命並非在一時一地由一人促成。大致地講，近代科學革命的創始者有哥白尼（N. Copernicus, 1473-1543，波蘭人）、伽利略（義大利人）、克卜勒（J. Kepler, 1571-1630，德國人）及牛頓（英國人）。由於他們，人類才知曉自然現象遵循著夢想不到的規律。這些科學巨人出身背景與為人皆不相同，唯一相同之處在於他們都是希臘科學傳統的繼承者。

　　在歷史上出現過的文明當中，希臘文明是非常奇特的一個。希臘人不僅在哲學及文學上有輝煌的成就，他們還有個獨一無二的發明——邏輯系統。最有名的例子就是歐幾里得幾何：從五個公設出發可以推導出一套非常壯麗的幾何體系；換句話說，所有的幾何知識都可以化約到少數幾個最根本的概念。其他文明都有深淺不等的數學技巧，因為這是技術工藝所需要的，但是對於公設邏輯體系卻是全然陌生的，所以也就問不出「通過一直線外一點的所有直線中，是否僅有一條與之平行」這種「詭異」的問題了。不會問這個問題的文明自然也就不可能發展出在科學上非常重要的非歐幾何了。

　　希臘人另一項愛好是建構宇宙模型。他們可以推論出地球的大小、地球與月球及太陽的距離，關於行星運動，不僅有地球中心說，也有太陽中心說等不同模型。為了要讓模型與觀測相符，他們也發明了繁複的周轉圓概念。今天看來，他們的很多想法不見得完全正確，但他們欲建構模型以整合自然觀測結果的心態是非常現代的。

　　其他文明其實也都有相當詳實的天文觀測，卻皆無足夠的動機要更進一步瞭解觀測所得數據背後的意義。為什麼沒有動機呢？首先，因為自然法則是很隱晦的，大家根本想像不到在死板的數據之中藏著寶貝。其次，就算瞭解天體運行的祕密，這些知識也沒有什麼用處。我已提過，人類也只有這一、二百年才認知科學之大用。

　　所以只有承續了希臘文明開創的一些特殊思辯傳統的地區才可能發生科學革命，而其他文明與科學無緣其實是正常且可以理解的。

　　有了以上的認識，我們就能瞭解為什麼愛因斯坦 (A. Einstein, 1879-1955) 會說：「西方科學奠基於兩大成就：一為希臘哲人發展出的歐氏幾何公設系統；另一為文藝復興時期，人們發現可以透過

有系統的實驗瞭解事物的因果關係。在我看來，中國聖哲在這方面沒有絲毫貢獻，一點也不奇怪。真正令人驚異的是，科學還是被發現了。」

現今我們從西方引入大量技術，我們的文化、社會、經濟因此起了大轉變。技術的引入並不困難，因為我們的文明中就已有這方面的傳統。但是科學就不一樣了，要學習用一種在傳統中陌生的觀點去看萬事萬物，對接受傳統文明薰陶的每個人來說，都是極困難的事。

有人說中國文化太重實用了，這是實情。不過和其他文化相比，這也不是什麼例外。強調實用的因素很多，經濟的壓力就是其中之一，而其他可能的因素（如政治、儒學等）也廣被探討。在今天看來，傳統思維有其明顯的盲點，我們需要多元的想像能力。起碼學術界應該開創一個新的思維傳統，向西方科學取經當然是其中重要的一步。

4. 科學的終結

　　約翰·霍根 (J. Horgan, 1953-) 在美國是小有名氣的科學記者，曾在著名的《科學美國人》(*Scientific American*) 月刊任職。因為工作的關係，他得以訪問不少最頂尖的科學與哲學明星，例如發現 DNA 結構的克里克 (F. Crick, 1916-2004)， 生物學家威爾森 (E. O. Wilson, 1929-2021)、古爾德 (S. Gould, 1941-2002)，物理學家戴森 (F. J. Dyson, 1923-2020)、維騰 (E. Witten, 1951-)，哲學家波柏 (K. Popper, 1902-1994)、孔恩 (T. Kuhn, 1922-1996) 等。霍根對訪問人頗有一套，他能很有技巧地提出一針見血的問題、敏銳地抓出受訪者的性情與特長，所以內行人都認為霍根的訪問文章把這些科學家描述得維妙維肖。

　　1996 年，霍根以他的訪問紀錄為本，出版了《科學之終結》(*The End of Science*) 一書，引起了一場小風波。從書名就可看出，霍根擺明了是要惹火科學家。果不其然，很多科學家非常不高興霍根傲慢地聲稱科學的光輝時期已過。部分的不滿來自於擔心科學已經終結的看法會削弱大眾對科學研究的支持。霍根自己在書中坦承，他從未偽裝中立。在接觸過許多於第一線掙扎的一流頭腦與瞭解各個學門現況之後，他認為只有一個結論是最合理的，那就是人類已掌握了最重要的科學原理，包括量子力學 (quantum mechanics)、相對論、大霹靂 (big bang)、演化論、分子生物學等等。餘下的問題或

者只能算是枝節性的技術問題（包括應用科學），或者是在實踐上不能滿足科學實證精神的嚴格要求，例如物理中的弦論 (string theory)，所以驚天動地的科學革命不會再出現了。

霍根認為有些科學研究 （他稱之為 「反諷科學」 (ironic science)）近乎於藝術、哲學或文學批評。這些研究的意義就僅在讓我們永不休止地讚歎自然的神祕。雖然認同霍根見解的科學家也大有人在，多數還是覺得霍根只是在重蹈前人覆轍──在十九世紀末還不是有很多物理學家也認為物理只剩下枝微末節的題目可做了呢！也有一些霍根的同行指責他逾越職業分寸，越界發言。

隔了兩年，科學界的反擊終於來了。約翰‧馬杜克斯 (J. Maddox, 1925 - 2009) 在 1998 年發表了 《科學並未終結》 (*What Remains to Be Discovered*) 一書， 指出有趣的科學問題依然比比皆是。例如質量的來源、量子論與重力論的衝突、宇宙與生命的起源、腦與心靈等。尤有甚者，根據過去的經驗，最有意思的發現多是在完全不被期待的情況下出現的。馬杜克斯曾經主編聲譽卓著的《自然》(*Nature*) 雜誌長達二十三年，絕對有資格來談論科學的未來。雖然書中沒有提到霍根，在自序中也說早在 1995 年就已想到寫這樣一本書，表明了不是專為平衡霍根的悲觀之論而寫，然而他要為科學打氣的用意非常明顯，希望在言論市場上扳回一城。不過馬杜克斯也承認，有待發現的東西不見得就會被發現，所以嚴格地講，霍根悲觀的看法並未完全消解。

早在 1964 年， 物理學家費曼 (R. P. Feynman, 1918 - 1988) 就已經認定科學（尤其是物理）只有兩種可能的結局。（見他所著的《物理之美》(*The Character of Physical Law*)，250 頁）其一是：所有的

科學定律都找到了，任何的實驗觀測都符合理論推算，則科學就以「功成身退」終結。另一個可能是：我們已明瞭了百分之九十九點九的自然現象，但一直有那麼一點新的發現無法與已知的規律契合，一旦我們解決這個疑點，又會有新的謎題出現；而且實驗愈來愈貴，進展愈來愈慢、愈乏味，人們逐漸失去興趣，科學就以「被拋棄」而終結。雖然費曼沒有點明自己的立場，但我們仍可以讀出他是傾向第二種結局的。有趣的是，費曼也以十分惋惜的語氣講到，當科學結束後，哲學詭辯式的說法（也就是霍根的「反諷科學」）將會跳上檯面，事情也會變得黑白不分。

由於學科之間所謂的「基礎性」差異很大，不同科學家對於霍根斷言的反應還是有輕重之分。生物學家大約會比物理學家少去談論「終結」的問題。生物學家史坦 (G. Stent, 1924-2008) 在接受霍根訪問時說，儘管生物學家可以探究的事還很多，例如受精卵如何轉化為複雜的生命體或是腦的功能等，但他也說：「我想大觀念 (big picture) 大致已完備了」，尤其是他認為當達爾文 (C. Darwin, 1809-1882) 發表《物種原始》(The Origin of Species) 一書時，演化生物學就玩完了。史坦的看法有其見地，不過恐怕還不是生物學家的主流意見。一切只有留待歷史去下定論。

科學定義的爭議且不去說它，霍根最大的盲點是，他太低估「枝微末節」研究的意義。就像費曼說過的，知道正確的定律（方程式）僅僅是第一步而已，我們還需要知道這些定律的豐富內涵。例如能夠從量子力學的基本方程式去理解超導體的原理是很了不起也很重要的事。從這類研究所獲得的成就感也不必然亞於創建相對論。就好像即便我們知道人生是沒有意義的，也不會減損享受生命的樂趣。

5. 消失的問題

　　《邊緣》（*Edge*）是一份免費的線上期刊（網址：www.edge.org），其編輯兼發行人為出版經紀人約翰‧布羅克曼 (J. Brockman, 1941-)。過去一、二十年，科普書在西方國家成為書籍市場的一股新風潮，布羅克曼是這個潮流的要角之一。他長於與名科學家周旋，鼓動他們提筆寫書，所以在不少科普書的感謝詞中可以看到他的名字。《邊緣》這個刊物，顧名思義可知，強調的是知識的前沿。它討論的新知涵蓋範圍很廣，但大致上還是以科學為核心。因為是前沿，所以還未成定論／典範，也就有大家參與討論的空間。通常《邊緣》會刊出一篇談論例如人工智慧、演化心理學、動物心靈、網路世界等的專論，以及其他人對於此專論觀點的回應。參與討論的人包括了明星級的學者，例如安德森 (P. W. Anderson, 1923-2020)、戴森、道金斯 (R. Dawkins, 1941-)、平克 (S. Pinker, 1954-)、閔司基 (M. Minsky, 1927-2016) 等，激烈的針鋒相對也是常見的事。有時候布羅克曼會拋出一個問題，請大家在網路上提出看法。例如他在 1999 年問大家，過去兩千年來最重要的發明是什麼？可以預見，有人為了與眾不同，一定會想一些別出心裁的答案，果然出現了五花八門的看法。後來布羅克曼把這些回答整理出書，臺灣也很快出了中文版，名為《一個世界，多種解答》。可惜裡頭沒有我的另類答案──抽水馬桶。

　　兩年後布羅克曼又提出一個新話題:「什麼樣的問題不見了,為什麼?」問題之所以會消失,可以有很多種原因。例如,問題已經解決了,或我們後來瞭解問題其實問得不恰當,或是問題太難,大家找不到解答,漸漸失去興趣,也就不再提了。《邊緣》刊出了八十來個回應,我非常扼要地摘錄幾個例子如下:(1)「為什麼人比其他動物聰明?」——因為懂達爾文演化論的人不會問這種問題。(2)「計算尺怎麼用?」——因為計算尺現在和恐龍一樣少見。(3)「我們死後還在嗎?」——因為每個人都已有自己的答案(提議這個問題已經消失的人自己的答案是「不」)。(4)「人性本善或本惡?」——因為這個問題現在已經轉變為「是先天抑或後天?」。(5)「下一次能源危機什麼時候來?那時候我們該怎麼辦?」——因為我們離開 70 年代太久,已經把這個問題忘了。(6)「基因影響人類行為嗎?」——因為答案是「是的」。(7)「費馬最後定理是真的嗎?」——因為普林斯頓大學數學教授外爾斯 (A. Wiles, 1953-) 於 1995 年已經嚴格證明此定理了。(8)「上帝擲骰子嗎?」——因為愛因斯坦提出的這個問題已經有了答案:「是的」。(9)「錢能買到快樂嗎?」——因為答案是「不能」。(10)「愛因斯坦的廣義相對論對嗎?」——因為至目前止,所有實驗結果都站在愛因斯坦這一邊。八十來個回應之中有一些還頗複雜,難以用一句話簡述之。大致上多數的回應都有其專業的理由,並不是隨意說說而已。

　　在看到布羅克曼的這個問題之前,我已經注意到兩個與科學有關的(小)話題在臺灣已經消失了。記得當年在念高中、大學時,不少人很認真地在討論「科學應不應該中文化」。當時大學基礎科學(數理化)教學所用的教科書全部是原(英)文本。有論者以為科

學如果要在臺灣生根，就必須要使用中文教科書，學生才能真切地瞭解學習的內容。現在使用原文教科書的情況依然不變，但是會為此而覺得焦慮的人已經少多了，或者是不發聲了。究竟是不是已經有了共識、大家同意科學根本就沒有必要中文化，好像也還不是十分明朗。大約這不是一個需要急迫面對的問題，所以就任由時間去處理吧。

　　另外當時有人在問：「為什麼臺灣物理系學生理論比較強，動手做實驗的能力卻不行？」問題的背景是在 1960、70 年代，很多優秀的物理系學生，可能是受了楊振寧 (1922-) 與李政道 (1926-) 因為理論物理研究而獲頒諾貝爾獎的影響，而選擇從事理論工作，（楊振寧曾說，他自己原先打算寫一篇實驗的博士論文，但是他在實驗室裡笨手笨腳，常打破東西，因此別人建議他最好還是去做理論。）以至於一般有個印象，臺灣學生不能或不願從事實驗工作。今天檢討起來，當時選擇動手做實驗的學生不少有不錯的成就，相較而言，恐怕比理論家成就還要高一些。其實在楊、李之後，在臺灣受教育，而後來在科學上有極高成就的丁肇中 (1936-)、李遠哲 (1936-)、朱經武 (1941-) 等全是實驗家。（其他獲諾貝爾獎的華裔科學家如朱棣文 (1948-) 與崔琦 (1939-) 也是實驗家。）所以今天已經沒有臺灣學生能不能動手做實驗的問題，倒是反過來，可能會有好事者要問：「為什麼在李、楊之後，就沒有非常傑出的華人理論物理學家了呢？」

6. $E = MC^2$

　　歷史上有些年分在我不甚出色的記憶中,留有特別鮮明的印象。原因多半是在那些年分裡發生了物理史上的大事。例如,提及 1687 年,我就會想到牛頓在那年發表了《自然哲學的數學原理》這部奇書;又如,提起 1925 年,它對我的意義就是海森堡 (W. Heisenberg, 1901-1976) 在那年 7 月開啟了量子力學革命。有一次翻閱魯迅 (1881-1936) 的書,猛然想到孫文 (1866-1925) 也是在 1925 年過世,竟然有些訝異之感。

　　二十世紀物質科學進展奇速,幾乎每隔幾年就會有重要的物理發現,所以值得一提的年分比比皆是。不過在這些年分中,我最喜歡的是 1905 年。那一年在瑞士伯恩專利局當三等技師的愛因斯坦,一連發表了幾篇驚世之作,引入了革命性的觀點,宣告新的天才來臨。愛因斯坦那時才 26 歲,正式的博士學位還沒拿到,與大他四歲的太太米麗娃 (Mileva Einstein, 1875-1948) 和 1 歲的大兒子住在伯恩的公寓裡。文章發表後,愛因斯坦原先預測馬上就會出現嚴酷的抗拒與批判,沒想到一時間居然風平浪靜,沒有回應。漸漸地,迴響出現了,而且都還相當正面。物理大師普朗克 (M. Planck, 1858-1947) 寫了封信請教一些他略感困惑之處,這讓愛因斯坦非常興奮。他也收到一些要寄給「伯恩大學愛因斯坦教授」的信,還有人專程跑到專利局想與他當面討論,甚至有人詢問能否來和他一起研究。

　　在此之前幾年，愛因斯坦想要在學校謀一職，卻處處碰壁，只能棲身於專利局。現在他居然一下子麻雀變鳳凰，在學術界聲譽陡起。不過愛因斯坦在專利局並未因此而立即受到禮遇，直到隔年 4 月，他才被提升為二等技師。雖然愛因斯坦一直要到 1909 年才離開專利局，轉至蘇黎士大學任教（薪水其實並無增加），但他的歷史地位已經確立了。

　　普林斯頓大學出版社在 1998 年發行了 《愛因斯坦的奇蹟年》 (*Einstein's Miraculous Year*) 一書，其副標題是「五篇改變物理面貌的論文」，書中收錄了愛因斯坦 1905 年五篇論文的英文翻譯，也找了名家寫序與導讀。對於我這種不能流利地閱讀德文原著的人來說，這是一本很棒的書。收錄的第一篇論文是關於分子大小的推論，這也是愛因斯坦的博士論文。第二篇從微觀角度分析布朗運動。第三篇奠定了特殊（狹義）相對論的基礎。在相對論裡，時間與空間二者再也不是互不相干的獨立體，而是結合成相互依賴、不可分割的時空連續體。 相對論的一個重要結論是物體的質量 (M) 與能量 (E) 密切相關 ， 二者可以互換 。 它們的關係是能量等於質量乘上光速 (C) 的平方，也就是 $E = MC^2$。第四篇論文即在說明一個物體如果放出能量為 E 的輻射，則它減少的質量就為 E 除以光速的平方。第五篇論文提出光量子的概念，並以此為本來分析光電效應；文章中所預測的效應，在 1915 年為美國人密立坎 (R. Millikan, 1868-1953) 以實驗證實，愛因斯坦因此獲得 1921 年諾貝爾物理獎。這篇文章也是愛因斯坦自認在五篇文章之中，唯一可以稱得上是「革命性」的文章。普朗克是第一位提出能量量子化的人，不過進一步敢把光看待成是由粒子似的光量子所組成的人是愛因斯坦。因為光量子的存在

絕對無法從古典的馬克斯威爾電磁學中推論出來，所以說愛因斯坦的想法是革命性的毫不為過。

　　不過光量子對不熟悉物理發展的一般人來說還是相當陌生的。大家比較經常聽到的是第三、四篇的內容，即相對論與 $E = MC^2$ 這個可以說是二十世紀最具象徵意義的科學公式。1938 年，德國物理學家發現中子撞擊鈾原子核之後，可以誘使鈾分裂成氪與鋇及幾個中子，而這些分裂物的質量總和小於鈾的質量。根據質能公式，減少的質量會轉化成分裂物的（大量）動能。腦筋動得快的科學家馬上就想到可以利用這些被釋放的動能來摧毀物體，這就是威力強大的原子彈的原理。原子彈（及爾後的氫彈）的出現改變了人類的歷史，今天我們還活在其巨影之下。要論斷核子武器的是非功過不是件容易的事。

　　愛因斯坦在 1914 年轉至柏林大學任教授一職。1919 年 2 月，他與米麗娃離婚，離婚協議書講明，未來的諾貝爾獎金歸米麗娃所有。同年 6 月，愛因斯坦再娶大他五歲的表姊艾爾莎 (Elsa Einstein, 1876-1936)。 1939 年 ， 他寫信給美國羅斯福 (F. Roosevelt, 1882-1945) 總統，指出原子彈的可能性及擔憂德國或許已有造彈計畫。1940 年，入美國籍。他在 1916 年完成了苦思十年的廣義相對論，成功地結合了狹義相對論與萬有引力。一般公認此理論是「最美麗的理論」。愛因斯坦過世於 1955 年，在過世前二十年，他致力於追求「統一場論」(unified field theory)，但未成功。

　　今日愛因斯坦已成為天才的代名詞，是眾多天才研究者的研究對象，大家都希望能挖掘出他那豐沛創造力的祕密。我以為更耐人尋味的是他那卓絕的獨立性格。他從來都是個獨行俠，沒有附和過

什麼學派或組織。愛因斯坦大約是我知道最能享受寂寞的人。他以 26 歲的年輕之齡，孤獨地於專利局憑一己之力揭開了自然的奧祕，給我非常真實的「雖不能至，心嚮往之」之感。

7. 古今第一奇書

　　據傳說， 數學大師高斯 (F. Gauss, 1777-1855) 在 1820 年代後期，做了一項很奇特的實驗。他找了德國霍恩海根、布羅肯、因塞堡等三處之山頂，將它們當做一個大三角形（其三邊長分別約是 69 公里、85 公里與 107 公里）的三個頂點，測量了這三角形的三個內角大小，發現在實驗誤差範圍內，三內角加起來等於一百八十度。以結果而論，這個實驗並沒有任何新的發現，因為大家都在中學的幾何課裡學過「三角形三內角和等於一百八十度」這個定理。但是以概念而言，高斯這個實驗超越他的時代很遠，因為他比任何人還更早知道，這個兩千多年來從未受質疑的「定理」並不必然成立：或許在極大的三角形中就可以看出，三內角和並不恰好就是一百八十度。

　　高斯為什麼會想去檢驗依循邏輯嚴謹推導出來的定理？究竟問題出在哪裡？回顧平面幾何經典——歐幾里得所著《幾何原本》——中關於內角和定理的證明，其中最關鍵的一步是做一條輔助線通過三角形其中一頂點，而且使輔助線平行於頂點的對邊。問題正出在這條輔助線是不是畫得出來！如果仔細檢討證明中的所有論證依據，輔助線存在的根據主要來自 《幾何原本》 第一卷五個公設 (postulate) 中的最後一個： 如果一直線與另兩條直線相交， 使得同一邊的兩內角和比兩個直角小，這兩條直線如果不限制（不確定）

的延伸下去，便會相交於內角和比兩個直角小的那一側。第一卷中的另外四個公設則是：一、可以在任意兩點之間畫一條線；二、可以把一線段連續延伸成一直線；三、可以用任意圓心以及距離（半徑）描述圓；四、所有的直角都相等。與這四個公設相比，第五公設的敘述比較複雜，不容易馬上看穿它的意思。近代教科書通常把這一條著名的第五公設解讀成另一等價的形式：通過直線外一點，有一條、而且只有一條直線與其平行。這一平行公設與我們的日常經驗相符，所以其正確性似乎不必懷疑，但是正因為敘述過繁，好像不適宜拿來當做不驗自明的基本公設。因此自希臘時代起，數學家就不停地想要以其他公設來證明平行公設，好把它剔除在神聖的公設之外。

兩千多年來，這類嘗試沒有一個成功。每一個「證明」都藏著或明或暗的漏洞。到了十九世紀才有人想到，或許平行公設的確是不能證明的。史家一般把這項洞見歸功於高斯、俄羅斯人羅巴切夫斯基 (N. Lobachevsky, 1792‑1856) 與匈牙利人波爾耶 (J. Bolyai, 1802‑1860)。他們發現如果以新的公設取代它，譬如說通過一直線外一點，有多於一條的（甚或沒有）直線不與其相交，其實還是可以推演出沒有內在矛盾的幾何。它們的性質與傳統的歐氏幾何不同，例如三角形內角和可以不等於一百八十度。這些新型幾何就稱為「非歐幾何」(Non‑Euclidean Geometry)，球面上的幾何就是非歐幾何的例子。非歐幾何重要之處在於它為描述彎曲空間的黎曼幾何鋪了路，而黎曼幾何正是愛因斯坦廣義相對論的數學基礎。

從邏輯的角度看，無論是歐氏幾何還是非歐幾何都言之成理，無高下之分；但高斯敏銳地察覺到，究竟哪一種幾何適用於實際的

物理世界得由實驗來決定，所以他才想去測量大尺度三角形之內角和。事實上根據廣義相對論，以高斯所選擇的三角形而言，內角和的確不會等於一百八十度，只是相差極微，約只有十的負十五次方強度而已，就算用上當今最先進的技術，仍然量不出來。但是如果高斯跑到黑洞旁邊做測量，那麼非歐幾何的特性就會非常明顯。

高斯這項實驗雖然流傳甚廣，可是因為沒有紮實的歷史文獻以茲證明，所以有人懷疑他到底有沒有真的去做過測量。另外一些人則相信，高斯雖然的確做了實驗，但是目的並不在於檢驗歐氏幾何，而只是為了研究測地學。不過由於高斯的名望以及他在幾何上的成就，很多人還是認為這項實驗是真的，並非僅是傳奇故事。

關於歐幾里得生平的歷史文獻很少，一般猜測他曾從學於柏拉圖 (Plato, 427? B.C.-347? B.C.) 的門徒，甚至可能上過柏拉圖學園。一則著名的軼聞是，他對托勒密王直言：「幾何中無王者之路」。除了《幾何原本》之外，他還寫了十餘本關於天文、音樂、光學等著作，但大半沒流傳下來。雖然《幾何原本》裡的內容很多取自前人的成果，不過其中內容的編排、公設的選擇、邏輯的順序等，都是歐氏自己的心血。在希臘時代，《幾何原本》已是很受重視的一本教科書，而且應該是好過其他同類的書，所以才流傳下來。

《幾何原本》前六卷由徐光啟 (1562-1633) 與利馬竇 (M. Ricci, 1552-1610) 在 1607 年翻譯成中文。徐顯然對《幾何原本》的精髓體會很深，他說書中的邏輯推理「于前後更置之不可得」，又說它「似至晦，實至明，似至繁，實至簡，似至難，實至易」。楊振寧很認同徐光啟的看法，在一篇論中國文化與科學的文章中引用了徐的話，又補充說：「任何一個對於初中幾何學有些瞭解的人，都懂得這

幾句話的意思。有些幾何學問題看上去是非常複雜的、是非常隱晦的、是非常難的。可是你如果懂了這個邏輯的精神以後，就完全不是這回事，它其實是很簡單、明瞭、容易的。用邏輯推理方法來解決幾何學問題比用一個歸納法、用一個沒有邏輯順序的思維方法要來得容易，因為它是一步一步的。」

《幾何原本》中很多個別的數學知識對於其他（如埃及、阿拉伯、中國）文明來說並不陌生，但是只有希臘文明才費盡心思將這些知識整理成嚴謹的邏輯系統。希臘人重視抽象推理的怪異傳統後來竟然成了近代文明的養分來源，難怪我們可以在很多科學（與哲學）經典中發現《幾何原本》的影子。

8. 行遠自邇

　　愛因斯坦從未寫過自傳,只有在 67 歲時,抵不過朋友的勸說才寫下「像是我自己訃聞的東西」,裡頭回顧了他的思想歷程:例如 4、5 歲時,父親拿羅盤給他看,他頭一次體認到「事物的背後深深地隱藏了某種東西」;12 歲受到歐幾里得平面幾何的震撼;後來讀了物理／科學哲學家馬赫 (E. Mach, 1838-1916) 的 《力學歷史》 (*History of Mechanics*) 而擺脫了對機械觀的盲目信仰等等。 文中甚至還有「牛頓,原諒我」的字句,然而卻隻字未提及一般生活、親友、經歷。愛因斯坦還替讀者提問:「這樣可以算是訃聞嗎?」他自答「是的,因為像我這一類人的本質正在於他想了些**什麼**以及**如何**想,而不是他做了什麼或承受了什麼……」。句中愛因斯坦特地用不同的字體強調了第一個「什麼」與「如何」兩個字。

　　對於這麼一位強調思索的大人物,我們難免好奇他自己有沒有什麼最滿意的點子?很多人或許不知,這個有意思的問題愛因斯坦其實公開過答案,我們可以在最好的一本愛因斯坦傳記《上帝的心眼不易捉摸》 (*Subtle is the Lord*) 第九章中找得到。 此書作者物理學／史家派斯 (A. Pais, 1918-2000) 用愛因斯坦的一句話——「一生中最快樂的想法」作為本章的標題。派斯說,愛因斯坦在 1920 年為《自然》雜誌寫了一篇文章回顧廣義相對論的發展,但後來因為文章太長而未發表,不過還好手稿留了下來,現今存放於紐約市的摩

根圖書館。愛因斯坦在這份「摩根手稿」中解釋了廣義相對論的起源。

　　這段有歷史意義的故事得從 1907 年講起。那一年，愛因斯坦 28 歲，物理界內行人雖然都知道愛因斯坦非池中之物，但他尚未能跳離瑞士專利標準局，還得繼續他二等技師的工作。當時某期刊邀請他寫一篇回顧狹義相對論的論文。就在寫作之時，愛因斯坦認知他必需得試圖修正牛頓的重力論以符合狹義相對論的要求。至那時止，雖然不乏這類修正理論，但還沒有任何一個能讓愛因斯坦滿意。十三年後，他在「摩根手稿」裡回憶說：「就在當時當地，我想到了一生中最快樂的想法。」1922 年愛因斯坦訪問京都，演講中也有如此生動的描述：「我當時坐在伯恩專利局辦公室的椅子上，忽然我有了這想法……它促使了我邁向重力論。」

　　這個讓愛因斯坦那麼高興的靈感就是：「重力場與因電磁感應而產生的電場類似，其存在只有相對的意義。因為對於一位從屋頂自由落下的觀測者而言——至少在其附近——重力場並不存在。」（文中以不同字體來強調重點全然是愛因斯坦自己的意思）讓我用稍微不同的方式來詮釋這想法的意義：假設我站在靜止於摩天大樓頂的電梯內，左手拿鉛球，右手拿乒乓球。如果我同時放開雙手，鉛球與乒乓球會以同樣的加速度筆直往下掉，最後同時撞上電梯地板（假設空氣阻力很小，可以忽略）。如果用牛頓重力論來解釋此一現象，我們會說鉛球與乒乓球二者都感受到地球施加的重力，因為此重力與質量成正比，所以任何物體都有相同的落地加速度（因為依據牛頓第二定律，物體加速度等於所受重力除以質量）。好玩的地方在於：如果在我鬆手之前，先讓電梯自由落下，然後我才放開手，此

時我會發現鉛球與乒乓球相對於我而言是靜止的自由浮體，並不會落向地板（任何人在遊樂場玩過刺激的「自由落體」都會瞭解這一點）。所以重力不見了！也就是說重力的存在與否取決於觀測者的坐標——靜止（相對於地球）坐標中有重力（場），自由落體坐標中無重力（場）。物理學家早就知道電場或磁場的存在與否與觀測者的坐標有關。愛因斯坦體認到重力場與電磁場的類似之處，這就是他「一生中最快樂的想法」。

　　一般人可能還是會納悶，這個靈感第一眼看起來好像還不算太深奧，它真是那麼了不起的點子嗎？是的，因為愛因斯坦終於找到破解重力奧祕的切入點。讓我再換個角度解釋就會很清楚：如果我們可以利用坐標轉換（從靜止坐標切換到自由落體坐標）來消除重力，我們當然也可以用坐標轉換來製造重力。以具體的例子來說，在太空中不受重力影響的太空船，如果從靜止狀態改成以等加速往前進，那麼原先手持鉛球與乒乓球的太空人在鬆手後，太空人、鉛球與乒乓球便會以相同的加速度往太空船尾部墜落（或說地板靠了上來），就好像在地球表面受到重力一樣。用這個觀點來詮釋重力，可以很自然地解釋為何在地表的物體都有一樣的重力加速度（中學生都知道這是伽利略發現的），要不然我們得要額外的假設重力質量與慣性質量相等，才能夠說明伽利略的發現。

　　在愛因斯坦的狹義相對論中，慣性坐標系有特殊的地位，愛因斯坦對於這一點一直不太舒服。現在他發現，如果進一步把不受限制的任意坐標系包括進來，就等於把重力效應考慮在內，他當然是興奮萬分。從這「最快樂的想法」出發，重力現象就與強調坐標轉換的幾何問題結合起來。愛因斯坦的下一個目標就是尋找描述時空

幾何的方程式。這項極端困難的工作花了他最精華的八年時間：自
1907 年起至 1915 年底找到「愛因斯坦方程式」止。最後的成果就
是公認最漂亮的物理理論──廣義相對論。

9. 真　相

　　愛因斯坦在 1915 年 11 月 25 日寫下了描述彎曲時空的方程式，結束了他八年的艱苦長征。這趟考驗他智力與毅力的旅程起於 1907 年，他想到「一生中最快樂的想法」之時。他那時領悟到重力現象與坐標轉換有密切關係：如果我們處於自由落下的電梯坐標內，就感受不到重力，也就是說重力被加速度的效應抵銷。同樣的道理，我們也可以藉由加速度而製造出重力。愛因斯坦得到的教訓就是重力和其他自然界的力（例如兩帶電物體之間的靜電力）不一樣，應該把它看成是時空的一種性質：帶質量的物體（如太陽）會改變其周遭的時空，使其成為「彎曲」的時空。位於彎曲時空中的每一個物體（如地球）受到時空曲率的影響，行進的軌道就不再是空間中的直線，而是彎曲的。所以地球環繞太陽的橢圓軌道只是彎曲時空的效應而已。

　　釐清楚了基本原則之後，愛因斯坦下一步的目標就是把物質如何改變時空曲率的方程式找出來。愛因斯坦當時的數學知識其實還不足以承擔這項工作，所以找上了他在蘇黎士技術學院時期的老同學葛羅斯曼 (M. Grossman, 1878-1936)，問他知不知道有什麼樣的幾何可以處理這個問題，葛羅斯曼回答，黎曼 (B. Riemann, 1826-1866) 所提出的微分幾何正符合愛因斯坦的需要。兩人因而開始一段合作，共同於 1913 年發表了一篇重要論文，將彎曲時空的初步數

學基礎建立了起來。愛因斯坦後來感謝葛羅斯曼：「不僅節省了我去研讀相關數學文獻的時間，還幫忙我去尋找重力方程式。」葛羅斯曼 40 歲過後不久，健康就出了狀況，過世時才 58 歲。在葛過世後，愛因斯坦寫了一封感人的信給他太太，回憶說葛是「模範學生……和老師的關係很好……孤獨與不滿的我則不太受歡迎」，又說如果不是葛羅斯曼幫他找到專利局的工作，他大概就會一事無成。

不過正確的方程式尚未出現在愛葛二人的論文裡。愛因斯坦此時的障礙在於還沒有徹底想清楚坐標系中度規 (metric) 的物理意義。這不能怪他，因為當時其他人更是摸不清狀況、不知道問題的微妙之處。愛因斯坦於 1915 年 6 月底至 7 月初，在德國數學重鎮哥廷根 (Goettingen) 訪問了一星期，做了六場演講，每場兩小時，解說他的重力理論，大數學家希爾伯特 (D. Hilbert, 1862-1943) 也在場。

希爾伯特的研究興趣非常廣，幾乎每一個數學領域他都很熟悉。他在 1900 年的國際數學家會議發表演講，提出了二十三個他認為值得投入的數學問題。這些問題後來對數學的發展影響深遠，由此可見希爾伯特的品味與功力（好奇者可參考《希爾伯特的二十三個數學問題》這本書）。希爾伯特本來就對物理很有興趣，在聽了愛因斯坦的演講之後，顯然抓到了重力問題的主旨，也開始追尋重力方程式。無論愛希兩人是否意識到對方可能是潛在的對手，一場學術競爭就此展開。

1915 年 11 月 25 日，愛因斯坦終於找到正確的方程式。從哥廷根演講之後的幾個月，他可是全力以赴：一方面他算出了水星近日點的轉動速率，發現與觀測吻合（牛頓萬有引力無法解釋水星的異

常軌道）；另一方面想通了度規的意義，糾正了以前的錯誤，最後摸索出答案。愛因斯坦此刻的心情是「滿足但很疲憊」。他絕不會想到就在五天前，11 月 20 日，希爾伯特也寫了一篇論文，裡頭的方程式和他的一模一樣。希爾伯特居然比愛因斯坦更早發現「愛因斯坦方程式」！希爾伯特打敗了愛因斯坦？希爾伯特曾將他 11 月 20 日的論文寄給愛因斯坦，有無可能愛因斯坦還是從希爾伯特那裡偷到正確的方程式呢？愛因斯坦傳記《上帝的心眼不易捉摸》的作者派斯認為，兩人的工作其實是獨立的，所用的方法與進路都不一樣。廣義相對論的主要功勞還是愛因斯坦的，因為他是從廣相的物理架構、詮釋到數學的形式，唯一能全面掌握的人。派斯這樣的看法也是物理界主流的看法。希爾伯特自己則一向承認廣義相對論是愛因斯坦的成就，他完全沒有搶功的意思。

　　然而，幾十年來大家如此理解的歷史終於受到挑戰：1997 年 11 月，《科學》(Science) 雜誌刊出一篇文章 ("Science 278, 1271")，作者是三位科學史家。他們在檔案中發現了希爾伯特 11 月 20 日論文的校樣本（上頭出版者所蓋的戳記時間為 12 月 6 日），裡頭並沒有正確的方程式，其中某些敘述還是錯誤的。希爾伯特這篇文章正式發表的時間是 1916 年 3 月 31 日（愛因斯坦 11 月 25 日的論文正式發表於 1915 年 12 月 2 日），與原來的校樣本已有一些出入，此時裡頭已放進了正確的方程式，也引用了愛因斯坦的論文。所以儘管發表的文章上依舊記載著「1915 年 11 月 20 日送出」，但真實的情況是，希爾伯特在送出當時其實還沒得到正確方程式，甚至有可能反而是他從愛因斯坦的文章中得到靈感。因此愛因斯坦還是發現「愛因斯坦方程式」的第一人。

10. 甩不掉的錯誤

　　1917 年初，愛因斯坦發表了一篇後來頗令他後悔的文章，題目是　〈廣義相對論的宇宙學探討〉　("*Cosmological Considerations on the General Theory of Relativity*")，他在這篇文章中修正了自己在一年多前費盡心思才找到的重力方程式。他在 1916 年初曾經向好朋友艾倫費斯特 (P. Ehrenfest, 1880-1933) 說：「想像一下，當我發現一般性的坐標協變 (general covariance) 是可能的，而且此方程式可以得到水星近日點正確的運動時，是多麼地喜悅，有好幾天我都興奮得不能自已。」愛因斯坦很有自信地認為，任何人只要瞭解方程式的意義，就會知道它是正確的。既然如此，他一定有不得不的理由，才會要去更正原先優美的方程式。

　　愛因斯坦的動機是這樣的：他原先認定宇宙應該是封閉而且靜止的 (當時人們所認知的宇宙其實主要仍只是銀河系而已)。因為一來宇宙「看起來」的確是靜止的；二來宇宙如果是封閉的，就不需要額外的邊界條件，不然「邊界條件會要求選擇一明確的坐標參考系，違背了相對論的精神」。但是在封閉的宇宙中，相吸的重力終究會讓所有的物質與時空都崩塌在一起，所以他無法從原來的重力方程式中解出靜止且封閉的宇宙來——除非設法提供一種全新的「宇宙排斥力」(cosmic repulsion) 來抵擋重力。因此愛因斯坦就在方程式中加入了一項所謂的「宇宙項」以獲得排斥力；「宇宙項」包含了

一個「宇宙常數」(cosmological constant)，我們只要調整這個常數就可以平衡重力與宇宙排斥力，而得到靜止且封閉的宇宙。

然而愛因斯坦是錯的：宇宙既不靜止也不必封閉。1929 年，天文學家哈伯 (E. Hubble, 1889–1953) 發現遠處星系所發出的光有紅移的現象，這是宇宙在膨脹的跡象。與此同時，理論學家也發現，原先沒有包含「宇宙常數」的愛因斯坦方程式，本身就可以描述膨脹中的開放宇宙 (open universe)。所以愛因斯坦在 1946 年發表的《相對論的意義》(*The Meaning of Relativity*) 一書第二版中，就說「如果哈柏膨脹在廣義相對論出現的當時就已經發現，『宇宙項』就不會被引入了。現在看起來，根本沒有什麼道理得在場方程式中加上這麼一項，因為原先唯一的動機——自然地解決宇宙問題——消失了。」愛因斯坦本來對於「宇宙項」就覺得不自在：他早在 1919 年便承認過「（宇宙項）嚴重地破壞了理論的形式之美」。

以《湯普金夢遊記》(*Mr. Tompkins in Wonderland*)、《一二三……無窮大》(*One Two Three...Infinity*) 等科普書而廣為人知的名物理學者加莫夫 (G. Gamow, 1904–1968)，在他的自傳《我的世界線》(*My World Line*) 裡寫說：「愛因斯坦多年前對我說，宇宙排斥力是他一輩子所犯最大的愚蠢錯誤 (blunder)。」加莫夫並沒有直接引用愛因斯坦的話，所以我們無從得知愛氏是否真的用了 blunder 這個字，還是加莫夫自己加油添醋寫出來的。

如果回頭反省宇宙常數的意義，我們會發現它所代表的其實是所謂的「真空能量」(vacuum energy)。這種能量的特點是，它的能量密度不會隨宇宙體積增加而降低，也就是說，無論宇宙大小，真空能量密度是一個固定值。這樣的行為和其他我們熟悉的能量形式，

如輻射（光子）能量或一般粒子能量，都不一樣；這類正常的能量密度會隨宇宙膨脹而下降。就是因為真空能量的性質怪異，它才能夠提供不尋常的宇宙排斥力。

雖然愛因斯坦毫不猶豫地拋棄了「宇宙項」，但其他人反而認為如果暫且放下主觀的「美感」不論，「宇宙項」還是有其可取之處；起碼它是唯一的一項可以加進愛因斯坦方程式而不至於破壞對稱性和其他已知的限制。所以天文學家托曼 (R. Tolman, 1881-1948) 就認為，應該把宇宙常數當成是理論參數，它的大小得由實驗決定，不必急著認定它為零，而將「宇宙項」丟掉。有權力決定宇宙項未來的是觀測數據，不是愛因斯坦。

天文觀測學家終於說話了，依據他們最新的數據，宇宙常數的確不是零。簡單地說，他們觀察到宇宙正在加速膨脹，證明了宇宙排斥力存在。理論分析發現，真空能量密度不但不是零，反而占了現今宇宙能量密度的最大宗，約百分之七十！如果愛因斯坦知道這個結果，不曉得會有多麼驚訝。除了真空能量的貢獻，我們熟悉的能量型態（主要是已知的一般基本粒子）只占約百分之四，至於其他百分之二十五的能量則來自現在還不甚瞭解的所謂 「暗物質」(dark matter)。當我們看著閃亮的星系時，得瞭解其實它是包裹在看不見的暗物質裡。五年前，沒有人可以想像宇宙百分之九十五以上的能量型態是我們完全不瞭解的，這是近年來最重要的科學發現之一。愛因斯坦「最大的錯誤」可能翻身變成他最大的成功嗎？

11. 愛因斯坦語錄

　　愛因斯坦過世後，留下了非常豐富的文書檔案。依據愛因斯坦的遺囑，這些檔案歸好友內森 (O. Nathan, 1893-1987) 與祕書杜卡斯 (H. Dukas, 1896-1982) 掌管。在兩位過世後，遺囑指明，檔案的所有權則永久屬於位於耶路撒冷的希伯來 (Hebrew) 大學。這些檔案內容包括已發表或未發表的文章手稿、札記、往來書信等等。研究愛因斯坦的科學史家正逐步從檔案中整理出《愛因斯坦論文集》(*The Collected Papers of Albert Einstein*)，並由普林斯頓大學出版社陸續發行。這項出版計畫非常龐大，目前已經出版了八冊，共近五千頁，全部預計有二十五冊，希望在未來數年內能完全出版。(有興趣者可參見愛因斯坦檔案網站：www.albert-einstein.org 與愛因斯坦出版計畫網站：www.einstein.caltech.edu。)

　　對於一般人來說，這些分量頗重的學術性書籍，可望不可及。不過參與愛因斯坦出版計畫的一位編輯卡拉普萊斯 (A. Calaprice, 1941-) 另外整理出了一本《愛因斯坦語錄》(*The Quotable Einstein*)，就平易近人多了。她說因為經常接到查詢，想知道愛因斯坦究竟有沒有、或是在何時何地講過某一句「名言」，或是想要知道名言所用的精確字句是什麼？卡拉普萊斯發現這些問題常常找不到（起碼不是很輕易就能發現）答案，所以她動了念頭想編一本愛因斯坦比較重要或有意思的語錄。《愛因斯坦語錄》第一版發行於

1996 年，第二（擴增）版則是於 2000 年出版。

　　先前愛因斯坦忠心耿耿的祕書杜卡斯已經編過一本《愛因斯坦的人性面》(*Albert Einstein, the Human Side*)，是從愛因斯坦檔案（尤其是書信）裡找出一些正面的、可以激勵人心的材料，以彰顯傳奇的、和藹的愛因斯坦。相較而言，卡拉普萊斯的《愛因斯坦語錄》就沒有刻意的要隱惡揚善（或隱善揚惡），所以引用了檔案中私密的愛因斯坦和家人的書信，讓大家瞭解愛因斯坦是怎樣的一位 （不完全稱職的）丈夫與父親，反而更能真實地展現出愛因斯坦的「人性面」。

　　以下我就從《愛因斯坦語錄》中選譯幾則，大家或許可以看出愛因斯坦獨特的幽默與人生觀：

我已經認清人際關係之無常，所以學會把自己和熱與冷隔離開來，這樣才較能保證溫度的平衡。

選擇少數幾個人，投以無限的愛慕，認為他們有超人的心智與品格，我認為這樣是很不公平的，甚至是沒有品味的。可是我的命運就是如此。我的實際能力與成就實在遠不及一般的評價。

為了懲罰我蔑視權威，命運把我變成了權威。

如果我的相對論證明是對的，德國會說我是德國人，法國會說我是世界公民。如果相對論錯了，法國會說我是德國人，德國會說我是猶太人。

想像比知識重要，因為知識是有限的，而想像則涵蓋了整個世界，它刺激了進步，是演化的起源。

我沒有特殊的才能，有的只是強烈的好奇心。

恐懼與愚蠢常常是人類多數行為的基礎。

要抵抗有組織的力量只能依賴另一有組織的力量，儘管我不喜歡這樣，但沒有別的辦法。

依我看來，民族主義只是窮兵黷武與侵略所找的好聽理由罷了。

當我在評判一個理論時，會問自己，如果我是上帝，會這樣來安排世界嗎？

在我很長的一生，我學到了一件事：雖然與現實比較起來，我們一切的科學非常原始、幼稚，但它卻是我們所擁有最珍貴的東西。

親愛的後世：

　　如果你們沒有變得更和平、更有公義，而且大致上講，比我們更明理，那麼就下地獄去吧！在此表達這一點熱切期盼的是在下愛因斯坦。普林斯頓，1936 年，5 月 4 日。

　　從以上幾則短語錄可以看出愛因斯坦頗通曉世事，絕非象牙塔裡的蛋頭學者。他的性格、信仰從整本《語錄》中很鮮明地跳出來。不過從這本書，我們或許還不能完全看出他也是（在很多人眼中）文筆一流的作家。若想品味其出色的文筆，就要從愛因斯坦其他較長篇著作，包括他與第一任妻子米麗娃之間的情書下手了。

12. 馬克斯威爾的小惡魔

　　十九世紀英國物理學家馬克斯威爾 (J. C. Maxwell, 1831-1879) 一般公認是物理領域中唯一能與牛頓、愛因斯坦兩位巨擘相提並論的人。費曼在他的《費曼物理學講義》(*The Feynman Lectures on Physics*) 裡就說，如果以比較長的眼光看人類歷史，例如於一萬年後回頭看，十九世紀中最重要的事件毫無疑問是馬克斯威爾發現了電動力學方程式。費曼還以他一貫戲劇化的方式刻意地說，在同一年代的美國南北戰爭與這麼重要的科學發現相比，只是無足輕重的地方性事件而已（見《物理學講義》第二冊第一章最後一節）。從物質文明的角度來看，費曼一點也沒有誇張。人類自馬克斯威爾之後才理解光就是一種電磁波，能掌握光的本質當然是文明的一大躍進。愛因斯坦也曾說，馬克斯威爾的電磁學理論（尤其是場的觀念）是「自牛頓以來物理最豐富最深奧的進展」。愛因斯坦自己最清楚，他的相對論完全是奠基於馬克斯威爾理論之上。

　　雖然在行家眼中，馬克斯威爾的地位如此之高，他的知名度卻遠不能和他的地位匹配。原因之一或許是他的理論要用到較高深的數學，離一般人太遠。不過牛頓與愛因斯坦的理論不也是如此嗎？可是一般人還多少能把牛頓與萬有引力、愛因斯坦與相對論連起來。但是「馬克斯威爾方程式」？太冷硬了。

　　其實馬克斯威爾還另外有一項劃時代的重要成就，知道的行外

人就更少了，那就是氣體動力學，也就是統計力學的開端。統計力
學也是十九世紀科學的重要成就，它吸納了熱力學，將古典力學、
物性、原子說統一起來，是一切物質科學的基礎。物理學家之中，
對古典熱力學的統計（機率）本質有深刻體認的，馬克斯威爾可以
說是頭一位。

　　提出「兩種文化」說法的史諾曾認為，受過教育的每個人都應
該瞭解熱力學的核心概念──「熱力學第二定律」。後來他承認這太
難了，並不是國民必備科學知識的好例子。的確，「熱力學第二定
律」相當微妙，不是容易掌握的觀念。科學家也是掙扎好久才發現
這第二定律。大致上講，它是說我們不可能百分之百的把熱轉變成
機械能（功），換句話說，就是蒸汽機的效率不可能為百分之百。另
一種等價說法是，我們不可能不使用機械能就把熱從低溫的環境排
到高溫的環境，用熟悉的例子講，也就是不可能有不需用電（能）
的冰箱或冷氣機。第二定律最廣義與最抽象的敘述是，對於封閉系
統裡的任何物理過程而言，系統的「熵」(entropy) 只能增加，或至
多維持不變，絕不可能減少。我們不必要在這裡拘泥於「熵」的精
確定義，只要大約把它想成是「混亂的程度」就好。所以第二定律
的意義就是：隨著時間演進，封閉系統的亂度只會變大，不會減小。
也就是說，第二定律給了時間一個方向。我們可以證明這幾種說明
熱力學第二定律的方式全然相等，一般學生會在大一物理課學到這
個證明。

　　回到馬克斯威爾，我們可以從他的一項小發明看出他那過人的
洞察力。這項發明稱為「馬克斯威爾的惡魔」(Maxwell's Demon)，
是用來闡釋第二定律的機率本質。讓我用具體的例子來說明。拿一

個封閉的盒子，中間用（不傳導熱的）板子隔成左與右兩個區域，左邊放入一堆處於較低溫（也因此有較低速度）的氣體分子，右邊則放入溫度較高（也因此有較高速度）的氣體分子。如果將隔板抽掉，兩邊氣體會混在一起，平衡下來後，溫度則會介於原先的高、低兩溫度之間。我們從沒見過這樣的系統能自動回復到原先左右冷熱分明的狀態。原先左冷右熱的狀態比起後來比較不冷不熱的狀態，明顯的有更高的「秩序」(order)。所以系統隨時間演化的方向是從高秩序（低亂度，低「熵」）走向低秩序（高亂度，高「熵」），也就是前面所說的「熵」只能增加。

馬克斯威爾於 1871 年提出了一個想像的小「東西」(being)，它很聰明，能夠很迅速地判明氣體分子的速度。如果將剛才已經混合過的盒子拿來，中間插入一個隔板，板中央有個小孔可容分子通過。假設馬克斯威爾的小「東西」守在小孔旁邊，每當有氣體分子靠近，它就判斷其速度，將速度低的分子撥進左側，將速度高的分子撥進右側。這小「東西」工作一段時間之後，盒子左邊的溫度就會低下去，右邊就會高起來，系統便會從高亂度走回低亂度，如此一來就打破熱力學第二定律了！馬克斯威爾的好友湯姆森 （W. Thomson, 1824-1907，後來成為克耳文爵士 (Lord Kelvin)）替這個能違逆第二定律的小「東西」取了個名字──「馬克斯威爾的惡魔」，成為物理史上最有名的角色之一。

如果「馬克斯威爾的惡魔」真的能夠存在，那麼神聖的第二定律不就垮了？的確有人真的以為如此。其實馬克斯威爾自己講得很清楚，他的目的僅是在示範第二定律的機率（統計）本質。系統是基於機率上的理由才從高秩序走向低秩序：因為高秩序的狀態比較

少，出現的機率小；低秩序的狀態比較多，出現的機率大。逆方向的過程（例如剛好多數高速分子跑到右邊）不是絕對不可能，只是很不可能而已。馬克斯威爾所設想的惡魔其實是系統外的東西，因為它能影響分子，而分子不能影響它，所以它才似乎能夠違逆第二定律。如果我們真的造出一個有大小的惡魔，它就會像費曼所說的「（受分子打擊而）溫度高到過一陣子之後就看不清楚（而不能判別分子的速度）」（見《物理學講義》第一冊第四十六章第三節），也就當不成惡魔了。

13. 一長串的論證

　　有人曾經問牛頓，他當初是怎麼想出那偉大的重力理論？牛頓回答：「不停地思考」。對於想要瞭解天才奧祕的人來說，這個答案可能太平淡了點。其實牛頓的回答，依他能力所及，已經是一個最好的答覆。天才之所以為天才的奧祕，是天才自己都不瞭解的。不過牛頓很清楚，他的工作就像拼湊一幅非常複雜的拼圖。他需要將已經知道的線索串起來，看看是否存在一個統一的原理，可以用來作為基礎，建構出一個涵蓋面廣、可以解釋並預測很多物理現象的理論。理論涵蓋面愈廣，可能出錯的地方就愈多，因此牛頓必然要花很多時間把可能的疏漏之處想清楚，也就是要「不停地思考」。

　　達爾文在他的名著《物種原始》最後一章強調，這整本書就是「一長串的論證」(One Long Argument)。他知道書中提出的演化論對於當時 (1859) 英國的科學、宗教、社會、哲學衝擊一定很大，所以提出的論證一定要嚴密，才能說服別人。因此他反覆琢磨了二十餘年，才敢發表革命性的演化論。其實若不是華萊士 (A. R. Wallace, 1823-1913) 在 1858 年寄給達爾文一篇短文，裡頭已然掌握演化理論的要義，迫使達爾文也得公開發表已有的成果，否則達爾文恐怕還會繼續琢磨下去，把已經很長的論證加得更長。

　　論證是由思考而來，「一長串的論證」背後就是「不停地思考」。牛頓和達爾文創見偉大學問的過程有其共通之處，可以說是必然而

不是偶然的事。不用我在這裡舉證，相信大家都會同意，思考是一件困難的事。有人甚至還會說，我們能忍受肉體勞累的程度要高於腦筋的勞累。

把能夠耐得住腦筋勞累的本事當作天才的一項特質，也應該是說得過去的。表面上看，現今社會中很多專業性工作（例如科學研究）需要密集的思考，難道從事者都是超人嗎？那倒不盡然。很多專業性工作，本質上僅是在操作一套技術。舉例來說，數學就是這樣一套技術。只要遵循明確的計算規律，同時參考前人高手的範例，一般性的問題都不算困難。所以操作一般性數學演算時，思考的強度其實不高。然而從事真正創造性工作，就得和牛頓、達爾文一樣，老老實實地認真思考。任何學問都重視獨創性，因為唯有獨創才看得出真本事，也才稱得上困難。

一般人在高中修習科學課程時，通常會覺得物理最抽象，最需要思考，因此學起來最困難。相對來說，生物就比較具體，需要記憶的成分較重，因此也最容易學習。這樣的說法雖然有其道理，不過前頭已說明過，物理研究者在工作時，多半仍只是展現對於一套技術的純熟，不必然會自覺是在從事困難的工作。然而，要瞭解生物演化論中那一長串的論證，挑戰性反倒更高。生物課本通常只是把演化理論的主旨逐條列舉，沒有交待最需要思索、批判的論證，難怪學生樂得背誦了事。一般學生害怕數學，因此也連帶逃避物理。殊不知，數學在規範與幫助思考的同時，卻也限制了思考。思考如果無法依賴數學來進行，那才真的刺激呢！第一流的哲學思考就是如此。當然對一般人來講，遵循明確的思考規範，犯錯的機率較少，總比眼高手低的空想要好。

　　臺灣文化吸納科學文明的成果,步伐很快,也沒碰到什麼阻力,只要吸納的過程不需要太勞累腦筋。不過,對這樣子熱鬧有餘、深度廣度不足的文化,我相信很多人還是不會滿意。我們當中有一些人得要學著喜愛論理 (reasoning)。論理其實有它本質上的魅力,也有市場的價值。例如生物學家道金斯寫的一些半通俗科普書,不僅告訴你是什麼 (what),還告訴你為什麼 (why)。他的論證環環相扣,對於願意用腦筋的讀者,是很有吸引力的。臺灣出版的書籍中,鮮少有本土人士創作的論理作品,這也反映了現今臺灣論理的水準。

14. 反　智

　　不久前，從報紙讀到史學家余英時將從普林斯頓大學退休的消息。報導文章提到，余英時在二十幾年前有一些文章，論述中國政治傳統中的反智識主義（anti-intellectualism，也譯為反智論），在當時引起不小的迴響。這也引起我的好奇，就去找到收錄余英時這一方面文章的《歷史與思想》一書來看。書中有一文〈從宋明儒學的發展論清代思想史——宋明儒學中智識主義的傳統〉論及「反智識主義的氣氛幾乎籠罩了全部明代思想史」。另一文〈清代思想史的一個新解釋〉則從「內在理路」說明清代儒學如何由「尊德性」轉而強調「道問學」。余英時的分析頗能幫助我這個外行人，對於中國文化中「智識主義」與「反智識主義」複雜的關係有一點起碼的認識。

　　什麼是「反智識主義」？余英時說，其面向之一就是：「對於『智性』(intellect) 本身的憎恨和懷疑，認為『智性』和由『智性』而來的知識和學問對人生皆有害而無益。」那麼反過來說，尊重智性及知識也就是智識主義了。在西方，這兩種主義的衝突有個例證，就是「西方基督教傳統中的信仰 (faith) 與學問 (scholarship) 的對立」，而且「在十五、六世紀的所謂學術復興 (revival of learning) 以前，西方思想基本上是偏向於信仰一邊的。在信仰空氣瀰漫之下，希臘古典學術極受排斥」（《歷史與思想》，92 頁）。

　　在中國儒學中，這兩種主義的對立則表現在「學者對於『道問學』與『尊德性』之間的觭輕觭重有所不同」。一般常舉的例子是，南宋儒者朱熹 (1130-1200) 重「道問學」，而陸九淵 (1139-1193) 重「尊德性」。但余英時也強調，當時這兩種路線的對立「雖然存在但並不尖銳」。因為朱熹基本上仍是一位理學家而不是考據家，而陸九淵也「並非真的主張束書不觀，否定一切經典注疏的價值」。但是到了明代，王陽明 (1472-1529) 發揚陸九淵心學，認為天地萬物均在吾心之中，讀書博學與人的成聖功夫毫不相干，「把儒學內部反智識主義的傾向推拓盡致」。

　　余英時的文章引我想起楊振寧在《明報月刊》（1993 年 10 月號）發表的〈近代科學進入中國的回顧與前瞻〉文章中一段話。楊振寧說，在 1400-1600 的兩百年間，歐洲急速進步，「只需列舉這兩百年間歐洲一些偉大思想家的名字，已足夠看出這些進展的氣勢與其長遠的影響：達文西 (L. da Vinci, 1452-1519)、哥白尼、馬丁·路德 (M. Luther, 1483-1546)、卡爾文 (J. Calvin, 1509-1564)、納皮爾 (J. Napier, 1550-1617)、培根 (F. Bacon, 1561-1626)、伽利略、克卜勒、哈維 (W. Harvey, 1578-1657)、笛卡兒。」他又說：「相反地在中國，1400-1600 這兩百年，是一段知識停滯不前的時期。這時期中，最著名的哲學家是王守仁（即王陽明）。他的學說我認為沒有對中國思想或中國社會產生什麼真正的長遠影響。比起上面列舉的歐洲大思想家對後世的影響，王守仁的影響是望塵莫及的。他的部分思想可以被解釋為是反科學的。可是，即使是這一部分，在以後的幾個世紀中亦沒有產生多少影響。」楊振寧的這段話，我如果沒有

記錯，引來哲學家劉述先 (1934-2016) 在報章上為文反駁。劉述先不能接受楊對於王陽明的論斷。

　　話說回來，即使王陽明改重「道問學」，也無法如歐洲思想家一般有驚人的成績。原因是中國傳統中的學問，範疇太窄了，大致是「子、史、詩、文」之類而已。此外，中國傳統思維多重直覺，並不長於多層次的抽象或邏輯論證。這種自然的、本性的、直觀的思維，合於中庸之道，自有其長處與韌性。傳統思維可以產生自然的、仁民愛物的民本思想，不過若用於違背直覺的近代科學知識上頭，很明顯地，就要格格不入了。其實除了科學之外，現代文明中重要的民主體制，從某個角度看，也是違逆直覺的。民主與民本思想兩者差距之大，不亞於牛頓力學與直觀的亞里斯多德 (Aristotle, 384 B.C.-322 B.C.) 物理的懸殊。

　　在今日，「道問學」與「尊德性」的糾纏以一種新的方式呈現，那就是科學與人文的對立。一種普遍的看法是，我們應該要求科學家、或是其他有專業知識的人，有更高的「人文修養」，以免科學家在追求其目的之時，忽略了人性的需求，而在有意無意之間傷害了人類。這樣的「人文修養」，約略就等於道德感與人本思想、甚或是宗教情懷，否則學問愈大反而為害愈大。只要這樣的疑慮存在，「反智論」也就會存在。

15. 歷史的審判

　　二次大戰期間，美英陣營很擔心一件事，即希特勒 (A. Hitler, 1889-1945) 手上有了原子彈。這並不是杞人憂天：雖然希特勒為淵驅魚，愚蠢地逼使一批最頂尖的科學家，如愛因斯坦、費米 (E. Fermi, 1901-1954)、貝特 (H. Bethe, 1906-2005)、派爾斯 (R. Peierls, 1907-1995) 等人流亡英美，使得德國的科學實力大受損傷，但其雄厚的根基依舊存在；在 1938 年發現核分裂現象的漢恩 (O. Hahn, 1879-1986) 及史特拉斯曼 (F. Strassmann, 1902-1980) 就是德國化學家，所以同盟國陣營很怕德國會搶先一步利用核分裂來製造原子武器。愛因斯坦在 1939 年寫了封信給小羅斯福總統，警告他這個潛在威脅。

　　德國投降之後，美軍立刻派出一組專家調查德國的原子武器發展狀況，結果驚訝地發現，他們遠遠落後於美國自己的「曼哈頓原子彈計畫」(Manhattan Project)。德國不僅是沒有造出原子彈，似乎連入門的訣竅都還未摸到。怎麼會這麼離譜呢？

　　當時，德國的確有個核分裂研究計畫，領導者是海森堡。他可以說是二十世紀物理的金童，24 歲不到就發現了量子力學，32 歲獲得諾貝爾獎，在理論物理中重要的貢獻比比皆是。如果海森堡是美國人，領導曼哈頓計畫的應該就非他莫屬了。其實在美德正式開戰之前，海森堡於 1939 年初夏還赴美一趟探望朋友。當時許多已經流

亡在美的朋友都勸他留下來，但他卻仍執意回德國。他的解釋是，他不能背棄還在德國的同僚與學生，他需要留在德國撐住局面，設法掙得一些「淨地」，以便納粹時期度過之後，還能保有元氣重建德國物理。不過這種「無私」的情操依舊引來一些人的懷疑，認為海森堡其實還是懷抱著德國勝利的希望，尤其是他曾說過類似蘇聯共產主義危害尤勝於納粹之類的話，他選擇回德國就是要貢獻一己之力。海森堡在美國曾與費米見面深談。敏感者那時已可預見，海費二人將是敵對兩陣營各自原子彈計畫的要角。海費見面時場景的歷史張力可想而知。

　　以海森堡的聲譽及德國的科技水準，任何敵手當然會擔心德國很快就能造出一顆原子彈。但真相是，德國雖然在 1939-1940 年間的確對原子彈興趣濃厚，爾後卻沒有和美國一樣傾全力投注於製造原子彈，而只維持了一小規模的純研究計畫。主因是海森堡在 1942年，說服主管經濟資源的許佩爾 (A. Speer, 1905-1981) 放棄大規模發展原子武器計畫，因為「太大、太貴」，對戰時德國而言「沒有把握」。事後來看，很多人會「感激」海森堡這個判斷，否則難說歷史不會轉彎。在事過境遷之後，可以檢討、探究的事情很多，例如海森堡的決定從德國的角度來看是正確的嗎？雖然「太大、太貴」，但美國不仍成功了嗎？這個決定所依據的科學理由何在？從大戰結束後至今，談論這些疑點的文章與書仍不斷湧現。海森堡的作為有幾種不同的詮釋。一是海森堡其實錯估了造彈的難度，因為他搞錯所謂「臨界質量」(critical mass) 的大小。什麼是「臨界質量」？基本上原子彈是利用鈾 235 核分裂的連鎖反應，而連鎖反應要成立，鈾235 的量得要足夠，起碼要在「臨界質量」以上。海森堡以為此「臨

界質量」是以噸計，但其實正確的答案不會超過數十公斤。要提煉一噸以上的鈾 235 絕非德國（與美國）在短時間內可以達成的事，但若是幾十公斤就足夠造一顆原子彈，則德國或許會撐下去硬幹。所以海森堡的「無能」導致了德國計畫的失敗。

　　另一種說法強調，海森堡其實從來沒有認真、仔細地計算過「臨界質量」，因為他的確不願意讓希特勒手握原子彈，所以在初步的估算後就很「高興」地打住了。再一種講法是，海森堡其實已經得到正確的結果，但是他故意對當局隱瞞，誇大難度。名記者作家包爾斯 (T. Powers, 1940-) 在他幾年前曾出版的一本書《海森堡的戰爭》(*Heisenberg's War*) 中，就是採這種看法。

　　研究這一類的問題有一個極大的限制，就是拿不到很多列為機密級的資料。幾年前，在意這些事的人終於見到一份重要的文件解密了。這份文件是包括海森堡與漢恩在內的十位德國科學家的談話錄音。這十位科學家在大戰一停之後，馬上被美軍送到英國一處名為「農園大邸」(Farm Hall) 的地方軟禁起來。目的之一是要瞭解他們的原子彈計畫進展如何，之二是為了不讓他們落入蘇聯及法國手裡。這「農園大邸」為英國情報單位所有，他們在整個屋子暗藏麥克風，把這十位德國人的談話都一一錄了起來。十位科學家後來說，因為經歷過「蓋世太保」的監視，所以猜得到或許英國人也會來這一套。不過他們覺得沒有什麼事情需要隱瞞，因此講話並沒有保留。從「農園大邸」這份錄音可知，這些德國人在得知廣島原爆之後，最初不願相信，認為美國人在唬人。一個星期之後，海森堡才理出頭緒，相信原子彈的存在，他到那時才正確估算出「臨界質量」來。不過在海森堡與漢恩的對話中，也有部分可以解釋成海森堡早已約

略地知道正確的臨界質量是多少。所以「農園大邸」錄音恐怕還是不能完全消弭關於海森堡的爭議。

　　歷史學家與識得海森堡的人都一致認為，海森堡絕非納粹的同情者。1930 年代納粹在剿伐「猶太物理」時，海森堡本人也是受害者之一。他也不熱衷於政治，不過仍算得上是一位愛國者。當國家被惡棍挾持時，他不能像非常少數的勇敢之士，能以生命為賭注堅持良知，不過他卻也沒有逃避他國。德國量子大師普朗克曾對他說：「在這樣恐怖的德國，沒有人能保有尊嚴。」海森堡的良知在他過世二十五年之後，仍然是大家很在意的問題，因為他是個天才，曾站在可能改變歷史的關鍵點上，同時也因為良知是每個人得面對的永恆問題。

2001
03/14

16. 哥本哈根

　　二十世紀物理第一人是愛因斯坦，這是大家公認的；第二人是波爾 (N. Bohr, 1885-1962)，這也是大家公認的；第三人則角逐者眾多，不容易明確講是哪一位。不過在群雄之中，海森堡以他發現量子力學之功，位居第三人，也說得過去。波爾是丹麥人，在 1913 年提出他出名的半古典原子模型，快刀斬亂麻地將令人迷惑的光譜實驗數據一一歸位，收納在他的量子條件之下。波爾的量子條件是全新的假設，無法從古典力學中推導出來。但是因為他的模型依然用上了許多古典概念，所以稱之為半古典模型。這個模型雖然成功，但大家都知道它還算不上是一個完整的理論。今日看來，波爾的工作有極重要的指標性意義。他就像燈塔，沒有他，人們只能在黑暗中瞎摸。要得到完備的量子力學理論，就得擺脫例如軌道這種在古典力學裡，再自然不過的核心概念。這個通往量子力學的障礙還要等上十二年，直到 1925 年，才被海森堡石破天驚地破除了。

　　1920 年夏天，還未滿 19 歲的海森堡以極優異的成績進入慕尼黑大學就讀，他的父親是大學裡的哲學教授。從小海森堡的數理成績就非常好，入學前，他已自修過相當深奧的數理名著。藉由父親的介紹，海森堡投入了當時理論物理權威索末菲爾德 (A. Sommerfeld, 1868-1951) 門下。在索氏調教之下，海森堡很快地就躍入理論物理的研究前線，寫出了幾篇論文。他也因此認知到，原

子光譜物理是最重要的研究領域。海森堡性格好勝、積極，遇到困難，勇於多方嘗試，尤其是沒有「哲學」包袱，只要能解釋實驗結果，與傳統觀點相左的假設，他也敢去碰。長他一歲的好友兼諍友，另一位物理巨人包立 (W. Pauli, 1900-1958) 對於海森堡能如此大膽，有時感到頗不以為然。

海森堡在 1923 年夏天得到博士學位後，就前往哥廷根大學當波恩 (M. Born, 1882-1970) 的助手，相當於今天的博士後研究員。哥廷根有悠久深厚的數學傳統，在那裡擔任理論物理教授的波恩，數學功力自不在話下，因此後來他才能夠首先看出，海森堡 1925 年突破性文章中的運算其實就是矩陣數學。雖然海森堡從索末菲爾德、波恩兩位老師及包立那裡學到很多物理，但是在量子物理工作上影響他最大、在學問上與他有最深刻切磋的其實是波爾。從 1916 年起，波爾就是哥本哈根大學的教授。他說服了丹麥政府與私人基金會，在哥本哈根設立了一所由他主持的理論物理研究所，這個研究所馬上就成了年輕學子嚮往的學問天堂。波爾是一個有「哲學」的人，任何原則性的問題，他都要弄得清清楚楚，所以他會反覆不停地長時間思索，剔除任何矛盾。其他量子物理學家和波爾相比，僅僅可以算是量子「技師」而已。波爾以他紮實的成就、深厚的學養及旺盛的企圖心，理所當然地成為量子物理的「教父」。

1922 年夏天，波爾在哥廷根做了一系列的演講。海森堡以初生之犢之勇提出一些批評，引得波爾邀請他在會後與他一起散步，好好聊一番。就這樣，二人開啟了一段誰也意料不到、最終會因受命運捉弄而黯然結局的學術情誼。波恩在 1924-1925 年間到美國訪問，他就與波爾安排讓海森堡在那段期間到哥本哈根訪問。當時包

立寫了一封信給波爾說：「很高興你邀請他到哥本哈根，希望海森堡回家時，思考多了一些哲學成分。」無論海森堡有沒有在哥本哈根增長一些「哲學」智慧，他的確在那裡接觸到波爾與其助手最新的理論，而他也在 1925 年夏天敲開了量子力學大門。

爾後的兩年，波爾與海森堡一起用功於瞭解這個怪異的理論。在兩人不斷地辯論之後，海森堡提出了「測不準原理」(uncertainty principle)。他們同意理論中的波函數所描述的是一種機率波，也認為「實體」(reality) 在我們做測量之前並沒有意義。這一套目前大家接受為理解量子力學的正統觀點就被稱為「哥本哈根詮釋」。至此，他們兩人的歷史地位就確立了。

波爾與海森堡非常親密的公私情誼終於受到時代無情的考驗。1941 年，當德國還在趾高氣揚地四處侵略之時，海森堡到丹麥進行「文化」之旅，也就是宣傳之旅。他特別到哥本哈根一趟求見波爾。兩人再度一起散步、私談。這次見面是兩人情誼的分水嶺，他們從此再也不是推心置腹的朋友了。究竟兩人談了些什麼？海森堡在戰後回憶說，他想要問波爾：「科學家參與原子彈研究有沒有道德責任？」因為牽涉到機密，而且擔心蓋世太保竊聽，他不敢講得太明白，所以波爾誤解了他的用意。而波爾則從來沒有公開談論到 1941年的這次會面，不過從蛛絲馬跡可推測，他以為海森堡正在替希特勒造原子彈。從丹麥人的觀點，這真是助紂為虐，不可原諒。後來有論者認為，正直如海森堡者對於受壓迫者的心情也太沒有同理心了。大戰後兩人再次會面，對於當時到底彼此說了什麼，依然沒有共識。1998 年，這場會面在英國被搬上舞臺，連演了十八個月；三年前，也搬上了美國百老匯劇場，並獲得東尼獎。以「哥本哈根」

為名的整齣劇只有三個角色：波爾、他的太太瑪格麗特以及海森堡。導演不願輕易下定論、判是非。戲中充滿關於量子物理、哲學或道德的對白與獨白。這樣硬的戲能夠在英國受歡迎，不知道該不該覺得奇怪。

17. 波爾的信

　　波爾與海森堡於 1941 年二次大戰期間的哥本哈根之會，是這兩位物理巨人情誼的分水嶺。自此之後，兩人就再也不是能彼此推心置腹的好友了。大家早已知道，他們當時談到了原子彈這個敏感話題，但是兩人究竟講了什麼，則不十分清楚。海森堡自己在戰後回憶說，他問波爾：「物理學家是否可以在戰時投入鈾分裂的研究？」波爾非常驚訝，反問海森堡是否真的認為原子能可以用於戰爭。海森堡回答說：「是的，我知道這原則上可行。」不過他告訴波爾，由於技術上的困難，戰爭結束之前不可能做出原子彈。因為波爾從未公開談論這場哥本哈根之會，所以歷史學家對於海森堡的一面之詞還是眾說紛紜。一些人相信，海森堡從未有意全力發展原子彈；另一些人則懷疑，他拋出「道德考慮」說純粹是失敗後的推卸之詞。

　　2002 年 2 月，波爾家族公布了十一份文件，為這場充滿爭議的會面注入新史料。這些文件原本預計要等到 2012 年，也就是波爾過世後五十年才發表。或許是因為英國劇作家弗萊恩 (M. Frayn, 1933-) 於五年前，把哥本哈根之會搬上舞臺，引發了大眾對於這個歷史事件的好奇與新一波的辯論，波爾家族才決定提前發表這些文件。

　　在新公布的文件中，最重要的是波爾寫給海森堡、但是並未寄

出的信件初稿。其中，主要的一封夾在波爾所擁有的一本談論原子彈歷史的書中，他過世後才被發現。這本書是戎克 (R. Jungk, 1913-1996) 所著《比一千個太陽還亮》(*Brighter than a Thound Suns*) 的丹麥文版，發表於 1957 年。書中節錄了海森堡寫給作者，描述 1941 年哥本哈根之會的信。顯然波爾對於海森堡的講法大不以為然，所以才起草了這封未寄出的信。這封信大致上是這麼寫的：

親愛的海森堡：

　　我讀到了剛發行，由戎克所寫的《比一千個太陽還亮》丹麥文版。我想我應該告訴你，我非常驚訝你的記憶是如何地愚弄了你。⋯⋯以我個人而言，我記得我們談話的每一個字，對於丹麥人來說，我們談話當時的時空背景實在是極端悲傷與緊張，尤其是你與外載可 (C. Weizsäcker, 1912-2007) 留給我太太瑪格麗特、我，以及（理論物理研究）所裡的每一個人很深的印象。你們深信德國會贏，所以我們如果希望戰爭會有不一樣的結果而對所有德國表達的合作之意有所保留，那是很愚蠢的。我也記得我們在我辦公室裡的談話。你的用詞雖然隱晦，但是你表達的方式讓我堅信，在你的領導之下，德國正盡全力發展原子彈。你還說沒有必要談論細節，因為你完全熟悉它們，過去兩年你幾乎是完全投入這類準備工作。我只聽你說，自己完全沒有講話，因為這牽涉到了人類的一件大事。儘管我們私人的交情很深，但在這件事中我們只能當作是生死之戰雙方的代表。

波爾又寫道：

　　你在（給戎克的）信中，把我的沉默與嚴肅解釋成是因為聽到你說原子彈是可能的，而震驚不已的表情，這實在是很奇怪的誤解。因為早在三年前，我已經知道慢中子可以導致鈾 235，而非鈾 238 的分裂。我很清楚把鈾分離後可以製造出有某種效應的炸彈。事實上，在 1939 年 6 月，我已經在伯明罕做過一場關於鈾分裂的公開演講，我提到了這樣一個炸彈的效應，當然我也補充說技術上的問題很多，我們不知道什麼時候才能克服這困難。如果我的行為要解釋為震驚的話，那不是由於聽到這類（關於原子彈）的報告，而是聽到，我只能這麼解讀，德國正積極地要做出第一個原子武器。

波爾最後說：

　　這封信只是你我之間的事，但是因為這本書在丹麥引起了一些騷動，我曾想過，或許將信的內容祕密地轉告丹麥外交部長與德國駐丹麥大使是合適的。

　　沒有人知道為什麼後來波爾終究沒有將信寄出。在公布的文件中，還有幾封是波爾另外寫給海森堡、祝賀他 60 歲生日的信稿，以及海森堡的回覆謝函。這些信都相當客氣與溫馨。

　　對於很多人來說，這一批史料推翻了海森堡的故事。例如海森堡傳記 《不確定性》 (*Uncertainty: The Life and Science of Werner Heisenberg*) 的作者卡西迪 (D. Cassidy, 1945-) 就認為，海森堡的確用盡了一切力量在發展原子彈。但是美國曼哈頓原子彈計畫的要角貝特則不這麼認為，他相信兩人並沒有真的相互瞭解。他說：「波爾

的信並未能澄清有關這次會面的任何事情，一個人談的是一種假設，另一個談的完全是另一套假設。」擁海森堡與反海森堡兩陣營的人士後來還繼續在《紐約書評》(*The New York Review of Books*) 上辯論如何解讀波爾這些文件。

　　無論這場哥本哈根之會的真相為何，這場會面引起我們關心的真正原因在於以下的問題：假設波爾與海森堡二人在那場會面達成協議，物理學家要「封鎖」住他們找到的祕密，不讓人類「誤用」這些知識，那是可以的嗎？他們有權力這麼做嗎？人民如何「監督」科學家？誰來決定、又該如何決定怎麼「正確」地應用科學知識？這些問題今天依然沒有答案。

18.小伙子物理

　　注意量子力學發展的人都會留意到一件事──開創量子力學的英雄人物都年輕得不像話。在他們寫出劃時代的論文之時，海森堡才 23 歲半， 狄拉克 (P. A. M. Dirac, 1902-1984) 23 歲， 喬丹 (P. Jordan, 1902-1980) 22 歲，包立也不過是 25 歲。物理學／史家派斯在研究事業高峰過後轉攻科學史，寫了幾本頗受好評的傳記與物理史。他在不同的書中三番兩次提到，在德國哥廷根大學，量子力學進展最快的 1925-1927 年間，被稱為「小伙子物理」(knabenphysik) 年代。固然量子力學英雄中還有一些 40 歲上下的「老人」，如波爾、波恩、薛丁格 (E. Schrödinger, 1887-1961)。但是在那兩年間，用量子力學解決了原子、分子與固態物理難題，以及將量子力學推廣成量子場論的，的確就是海森堡這一批二十來歲的「大師」與比他們更年輕的學生們。所以說那段時光是「小伙子物理」是很傳神的。

　　自古英雄出少年，所以量子力學的「小伙子」現象，本來未必有什麼深刻的意義，天才的出現也許只是歷史的偶然而已。不過我們如果知道在當時一些大人物對於量子力學的反應，就會覺得「小伙子」現象還是有些內在道理。由於量子力學反映出的世界觀與直覺、素樸的古典力學世界觀差異太大，不能適應的名家大有人在。即便是量子力學創建人之一的薛丁格，也一直拒絕接受正統的哥本哈根詮釋，甚至還頗後悔提出他著名的波動方程式。愛因斯坦雖然

承認量子力學的威力，不過一輩子都深信一定還有一個更高明的理論可以涵蓋量子力學而且合乎古典物理中客觀實在 (objective reality) 觀點的要求。

愛因斯坦與薛丁格對於古典世界觀的執著已經深化成一種信念。我們可以合理地猜測，相對而言，量子小伙子就沒有什麼信念的牽絆。如果在腦中會時時念念不忘量子力學的荒謬，當然不可能全力投入，也就學不了那些困難的技巧。所以小伙子占的便宜之一就是他們於舊傳統的浸染不深，沒有要捍衛什麼信念的壓力。我們也可以用這種因素來理解，在各行各業中，部分的「英雄出少年」現象。有意思的是，愛因斯坦自己也曾是個機會主義者。他於 26 歲時所提出的光量子概念，也是一個當時不能自圓其說的荒謬看法，但是實驗卻符合愛因斯坦於光電效應上的推測，他也因此獲得諾貝爾獎。愛因斯坦說，他思考光量子的時間遠遠多於思考相對論。派斯認為，在愛因斯坦的創見之中，光量子才真正算得上是革命性的。

物極必反，在量子力學成為正統的數十年之後，不少學者反過來要質疑哥本哈根觀點，愛因斯坦的信念某種程度地又時髦起來。不過大自然仍是非常固執的，「不會以人的意志為轉移」。至目前止，所有的實驗都支持荒謬的量子力學，而沒有站在愛因斯坦那一邊。愛因斯坦啟動了革命的浪潮，這個二十世紀最大的浪潮速度愈來愈快，終於連愛因斯坦自己也被淹沒過去。愛因斯坦當然知道他的固執會帶來傷害，不過他也說：「我已經掙得犯錯誤的權利。」極大多數研究員沒有權利堅持自己的信念，如果不適時「參加他們」，在革命洪流之中，只有無情地被淘汰了。

　　名科學史家麥克寇馬 (R. McCormmach, 1933-) 在 1982 年出版了一本小說 《一位古典物理學家之夜思》 (*Night Thoughts of a Classical Physicist*)，主角賈克布 (Jacob) 就是這樣一位被時代淘汰的人。熱愛真理、又具奉獻精神的賈克布，於十九、二十世紀之交，是德國理論物理資深副教授。古典物理是他的看家本領，在一流學刊也有不少文章。可惜都僅是「還不錯」的文章，尚未好到可以升上稀罕的理論物理正教授。他也知道普朗克的量子說，但就是沒法讓這些理論溶入血液之中。他瞭解並且接受了自己的平庸，知道自己在物理史上注定只是一個小小的註腳而已。

　　評論者說，這本「感人」的小說成功地融合了藝術性與學術性。麥克寇馬讓虛構的賈克布經歷了真實的歷史事件、交往了真正的物理學家，作者最後還一一列出所有引用的史料來源。賈克布的書房掛了他所仰慕的英雄照片，包括馬克斯威爾、赫茲 (H. Hertz, 1857- 1894)、亥姆霍茲 (H. Helmholtz, 1821-1894) 等古典物理大師。內行人看得出作者故意不讓普朗克、愛因斯坦名列其中，以突顯二十世紀新物理不是賈克布能追得上的。此外，德國社會在世紀初的劇烈動盪與國家主義浪潮也讓他深感不能適應。故事的終局是賈克布自殺，融入情境中的讀者已不會感到驚訝。

2002
09/18

19. 美麗方程式

　　1995 年 11 月，英國倫敦西敏寺有一場隆重儀式，將一塊紀念石匾安置在牛頓與馬克斯威爾的墓旁，上面簡單刻著物理學家狄拉克的名字與出生、死亡年分，就這樣，狄拉克正式地廁身英國歷代偉人之列（他真正的埋葬地是美國佛羅里達州）。石匾上還有一行一般人瞧不出所以然來的方程式，這個方程式代表了狄拉克最高的物理成就。它非常簡短，沒用上幾個符號，其中希臘字母Ψ出現了兩次。一般物理系學生要進了研究所才會學到這個著名的狄拉克方程式，它是相對論量子力學的核心方程式，用來描述電子的行為（希臘字母Ψ代表的就是電子的波函數）。狄拉克在 1928 年發表這個程式的時候，還未滿 26 歲。他當時的動機很單純，就是要尋找一個能滿足相對論的要求的新量子力學方程式。之前已經非常成功的（非相對論）薛丁格方程式還做不到這一點。結果就是，狄拉克方程式比薛丁格方程式能更自然且精準地捕捉到一些電子特質（例如電子自旋）。

　　從 1925 年夏天，海森堡首次敲開量子力學大門，至 1928 年狄拉克方程式誕生，短短三年間，原子世界的各種難題不可思議地一一被破解。榮耀很快地就降臨到這些原子英雄身上：1932 年的諾貝爾物理獎頒給了海森堡，因為他「創造了量子力學」，狄拉克與薛丁格二人則在 1933 年一起因為「發現原子理論很有收穫的新形式」而

獲頒諾貝爾獎。具體的說，兩人就是因為各發現了以他們為名的方程式獲獎。當時的諾貝爾獎委員會為了如何褒揚量子力學的成就（誰應該為了什麼貢獻而分得多少功勞），幕後頗有一些折衝。

狄拉克其實不是從狄拉克方程式發跡的，他的天才早就表現在他發表於 1925 年的量子力學論文。這篇論文指出，海森堡幾個月前所發現的量子規則若以更簡潔的數學語言來說，就是位置 q 與動量 p 相乘在一起的結果取決於二者相乘的順序，亦即 q 乘上 p 並不等於 p 乘上 q（也就是 $qp - pq$ 不等於零，而會與極小的普朗克常數成正比）。海森堡的老闆波恩與師弟喬丹比狄拉克更稍早一些，已經發現這個數學公式。當波恩收到狄拉克的論文時，他的反應是：

> 這是我科學生涯所遇見最驚奇的事之一，因為我從沒聽過狄拉克的名字，他似乎很年輕，但文章又非常完美可敬。

狄拉克那時還沒有博士學位，他是透過指導教授法勒 (R. Fowler, 1889-1944) 才看到海森堡的論文。憑著這出色的第一篇論文，狄拉克闖出了名號，得與歐陸的大師平起平坐。到了 1926 年 5 月，他才拿到學位，論文題目就是「量子力學」，這是歷史上第一篇以量子力學為題的博士論文。狄拉克在 1930 年出版了《量子力學原理》(*The Principles of Quantum Mechanics*) 一書，至今公認是量子力學聖經。

狄拉克方程式一方面可以說是量子力學最後的高峰，另一方面又是開啟嶄新物理的重要鑰匙。這中間的轉折非常有趣，是二十世紀物理最奇特的故事。這得從狄拉克找到方程式的方式講起。他自己說是在「玩弄公式」(playing with equations) 時，赫然發現可以很容易地達成他尋找相對論量子力學方程式的目標。新方程式本身既

簡單又漂亮，可以涵蓋薛丁格方程式，又能正確地預測出電子的自旋與磁矩大小，所以正確性應該沒問題。

真正令人訝異與傷腦筋的是，狄拉克方程式的解（每一個解就代表一量子態），其中有一些所帶的能量居然是負值，這類解顯然沒有物理意義。如果我們處理的是古典物理中的問題，那麼解決的辦法就是丟掉那些帶負能量的解。但是量子力學的結構很緊密，不允許這麼做，因為拋棄那些解會引來數學上的矛盾。這是個兩難的局面。海森堡當時就寫信給包立說：「近代物理最可悲的一章就是狄拉克理論……我要改做點別的東西以免為這理論傷腦筋。」

狄拉克為了這個問題掙扎了近兩年，最後提出了非常聰明的辦法。他說讓我們保留所有的負能量解，但是假設所有這些量子態都已被電子占據，也就是我們以為空無一物的「真空」中布滿了這些帶負能量的電子，也就是說，真空其實應該視為「電子海」，即所謂的「狄拉克海」。因為電子遵循「包立不相容原理」(Pauli Exclusion Principle)，每一個態只允許一個電子進占，所以帶正能量的電子無法放出光子（能量）而進入這些負能量態。因此帶負能量的態對於正常的電子而言，實質上並不存在。但是萬一負能量態騰空出來，沒有電子占據，那麼這個「空」態（相對於原本的真空而言）就可以看成是帶正電荷的粒子（因為電子帶負電荷）。所以狄拉克預言了一類新粒子──正子 (positron)──的存在。正子與電子相比，二者質量相同，所帶的電荷大小相等而正負號相反。電子如果與正子相遇，就等於電子進占負能量態所以回歸真空，而多餘的能量就以光子形式跑出來。換句話說，電子與正子相互消滅，只留下光子。我們可以稱正子是一種「反物質」。就在狄拉克提出正子的預言之後不

久，實驗學家緊跟著馬上就發現正子。所以狄拉克理論便從「可悲的一章」轉為最輝煌的一章。狄拉克說，他的方程式要比自己來得聰明。

　　狄拉克方程式的故事正是數學邏輯在物理上「不可思議地成功」的最佳例子。狄拉克和愛因斯坦一樣都是獨行俠，從未創立自己的門派。他內向而話極少。波爾說：「在所有的物理學家之中，狄拉克的靈魂最純潔。」

2002
10/09

20. 遺　憾

　　因量子力學而名垂青史的大師，依年齡論，大致可分成兩群。年長的一群包括波爾、波恩與薛丁格；另一批則要小上一世代，在量子力學出現之時只有 24、25 歲上下，包括包立、海森堡、費米與狄拉克。包立是這小伙子世代的老大哥（年齡差距其實都只有一、二歲），出道時間最早，是神童型人物。他在 18 歲時已發表了數篇有關廣義相對論的論文；21 歲就為數學百科全書寫了一篇相對論的回顧文章 (review)，長達 237 頁，獲得圈內人一致讚譽。愛因斯坦還為此回顧文章寫了篇評論，其中如此稱讚包立：「任何人讀過這篇成熟、雄心壯志的論文，都不會相信作者只有 21 歲。」愛因斯坦相當欽佩包立的數學功力、深刻的物理領悟與批判的眼力。剛出道就獲得這種頂級讚譽，包立恐是開了先例。這篇回顧文章後來翻譯成英文出書，現今依然是非常出色的相對論課本。

　　當時物理界的大問題就是量子之謎，雖然已有普朗克、愛因斯坦與波爾打下量子論的基礎，但是整個結構還沒摸索出來，大家還在「黑屋子裡找出路」。那種又期待、又迷惑的氣氛是每個科學家夢寐以求的。以包立之才氣，他必然有「捨我其誰」的抱負，相信量子力學就是「他的問題」，他會是帶來曙光的人。然而他終究沒能掌握這難得的歷史機會，讓他的師弟海森堡奪走了聖杯。

　　包立於 1958 年 12 月被診斷出有胰臟癌，十五天之後就過世

了。同年 2 月至 5 月，他曾訪問美國加州柏克萊大學，做了一系列演講。訪問期間，他與物理史家梅拉 (J. Mehra, 1931-2008) 有過長談，回憶量子物理的歷史；有一晚在酒吧裡，或許是由於年齡、心情與氣氛的關係，包立有段坦誠的告白，梅拉將它寫入了他出版的六大冊 《量子理論歷史》 (*Historical Development of Quantum Theory*) 的序言中。瞭解量子力學故事的人看了都會有很深的感觸。

包立（以德語）說：「當我年輕的時候，我以為我是當時最好的數理學家（包立用的是 formalist 這個字，意思是物理理論的數學結構專家）。我想我是革命家，當偉大的問題來臨，我會是那個解出問題的人，也會是寫下來的人。然而偉大的問題來了、又走了。別人將它們解決了， 也寫了出來。 我其實還是位古典學家而不是革命家。」包立停了一下子，又補充：「我年輕的時候真是笨。」遺憾之情，溢於言表。

如果有人不知包立其人其事，而僅看到上面這段肺腑之言，可能會誤以為包立後來不甚了了，只會發牢騷。事實是包立後來的成就仍遠高人一等，還拿到 1945 年的諾貝爾物理獎，得獎作品是他著名的「包立不相容原理」。這個原理是說，任何一個量子狀態，不可以收容兩個以上的電子，例如兩個電子（更嚴格點講，是兩個自旋相同的電子）不可能位於同一個地點。如果不知道此原理，就無法解釋週期表與眾多物質的性質（如金屬的特性）。「不相容原理」後來還發現也適用於其他粒子，如質子、中子、夸克，是物理理論架構的核心原理之一。

包立的其他重要貢獻包括提出微中子 (neutrino) 假設、順磁性量子理論、證明「自旋—統計 (spin-statistics) 定理」、第一位用海森堡

的矩陣力學計算出氫原子能階等等。其中每一項都足以讓人在物理史上留下大名。但為什麼他還不滿意？因為他的自我期許是要找到量子力學之鑰，亦即要發現量子動力學規律。可是這場競賽他輸給了海森堡與薛丁格，甚至還比不過狄拉克。這真是「文章千古事，得失寸心知」最好的見證。

　　但是我們要問，包立為什麼會輸？他的數學功力鐵定強過海森堡、物理知識很豐富，也有物理眼光，在起跑線上已經站在別人前面，怎麼會被人趕了過去？海森堡倒是有個值得參考的看法：他認為包立眼光太高，希望提出來的理論一定要在物理概念與數學形式上都說得過去才行。但是量子力學太難了，不可能一下子面面俱到，有時得半猜半湊，甚至要容忍必要的矛盾。如果半生不熟的想法太早就扼殺掉，有價值的新觀點也可能被犧牲掉。事過境遷回頭看，這種在迷霧中開出道路來的遊戲，海森堡才是高手。

　　所以從某個角度看，包立輸在不願不按牌理出牌、輸在太愛惜羽毛了一些。例如包立提出微中子假設時，因為還沒有完整的理論，他甚至不肯將假設寫成文章正式發表。還好他在給朋友的信中透露了這重要的觀念，否則功勞又要被別人撈走。不過包立可是「吾道一以貫之」，一輩子於學問上正直不阿，所以掙來了「物理學的良知」頭銜。他對胡扯的理論絕不客氣，即便是海森堡與愛因斯坦也躲不過他的批評。楊振寧在提出規範場論時，就領教過包立的火力。物理圈有個關於包立的笑話：包立死後上了天堂，問上帝為什麼精細結構常數 (fine structure constant) 是一百三十七分之一？上帝把手稿給他看。包立看完後，忿忿地將手稿甩在地上說：「這是錯的！」因對品味的堅持而讓歷史性機會流逝的包立，我有一份好感與敬意。

21. 為什麼是薛丁格？

　　奧地利量子物理學家薛丁格在 1944 年發表《生命是什麼》(*What is Life*) 這本小書時，剛好是二十世紀顯學之一──分子生物學──起步的時候，不少重量級的分子生物學者都曾表示他們受薛丁格這本書影響很深。例如發現 DNA 結構的華生 (J. Watson, 1928-) 和克里克皆曾說過，透過這本書他們才體認到，探索基因的結構雙螺旋鏈不但會很有趣，而且非常重要。另一位生物學家古爾德也說，毫無疑問地，《生命是什麼》是二十世紀生物領域最重要的書籍之一。為什麼物理學家能夠寫出生物學的經典名著呢？為什麼是薛丁格呢？如果不是薛丁格，其他物理學家做得到嗎？透過對這些問題的思索，我們可以更深刻地理解《生命是什麼》這本書的意義。首先我們得先多瞭解一下薛丁格在物理學的貢獻。

　　知名英國科學雜誌《物理世界》(*Physics World*) 在 1999 年 12 月號千禧年特刊裡，作了一份最有貢獻物理學家排行榜。它是由全球一百三十多位有代表性的物理學家，每人票選五位統計出來的。月刊編輯強調，他們沒有在問卷中明示要從哪一個年代中選取，所以我們其實可以在最有貢獻的物理學家之前加上「有史以來」四個字。薛丁格在這份名單中排名第八。在他前面的是大家熟知的愛因斯坦、牛頓、馬克斯威爾等人。這種排名的遊戲相當主觀，名次不重要，因為上榜的學者早已是眾所公認的物理界巨擘。薛丁格能躋

身愛因斯坦與牛頓之列，是因為他創建了波動力學，得以和建立矩陣力學的海森堡共享發現量子力學的榮耀。量子力學的重要性何在？依照狄拉克的說法，量子力學出現之後，「所有的化學和大部分物理之數學理論背後所需的原理已經完全清楚了」。

量子力學其實有多種數學表現形式，各有所長。但在處理原子分子的問題上，一般公認薛丁格在 1926 年寫下的波動方程式是最佳理論工具。每一位想要瞭解微觀世界的學生，都得熟悉薛丁格方程式。薛丁格就因為他的方程式得以永垂不朽。具體來說，薛丁格方程式是一個微分方程式，從這個微分方程式我們可以解出一個波函數，用來描述電子的量子行為。所以薛丁格方程式彷彿是一把萬能鑰匙，幫我們精確地掌握原子分子中電子的行為。

在《物理世界》排行名列前茅的物理偉人之中，薛丁格是唯一過了 35 歲才有重要成就的學者，其他人都在二十來歲就已鋒芒畢露。以同樣因量子力學而入榜的海森堡和狄拉克來說，他們的成名作在 24 歲以前就已完成，但是薛丁格在 1926 年成名時已經有 38 歲「高齡」。在此之前，他雖然已是蘇黎士大學教授，但尚未有任何驚世之作，所以難免有些人會認為薛丁格只是應運而起，不像其他人有過人的天才，能夠創造時勢。但是這樣的想法實在太膚淺，完全低估了「天才」這個概念的複雜性。真正的高手對薛丁格的評價是很高的。有人曾向狄拉克問起對薛丁格的看法，狄拉克回答：「我會把他緊排在海森堡之後。不過從某方面講，薛丁格的腦力還要勝過海森堡，因為海森堡有實驗數據的幫助，而薛丁格只能靠他的頭腦。」

　　薛丁格特殊之處在於他的不朽之作係出現在學問見識已臻成熟之後，所以他的文章有一種完整風格，而不會像一般開創性的物理文章，多少有些疏漏或錯誤。薛丁格學養的深度與廣度，在一流物理學家之中是少見的。比方說，他非常熟悉哲學家叔本華 (A. Schopenhauer, 1788-1860) 的作品，一度曾想全力投入哲學領域。薛丁格也研讀過達爾文的《物種原始》一書，他在自傳中稱自己是達爾文的熱烈追隨者。薛丁格的父親雅好植物學，而且他大學時期唯一的好友也主修植物學，薛丁格因受他們影響而對生物學有深入的瞭解。其實當時因為宗教理由，達爾文的進化論還被排除在生物課之外。所以薛丁格能深刻地理解達爾文，在物理學家中固然少見，多數生物學家恐怕也是比不上的。

　　1943 年 2 月，二次世界大戰仍酣，當時 55 歲的薛丁格在都柏林的三一學院做了一系列通俗科學演講。薛丁格時任愛爾蘭都柏林高等研究所理論物理教授，他是因為逃避納粹政權，才在 1939 年接受邀請至都柏林上任。演講後第二年，劍橋大學出版社把薛丁格的演講內容《生命是什麼》發行出書。薛丁格這一系列演講的重點在於論述在當時仍然非常神祕的基因，其實是一種「非週期性晶體」(aperiodic crystal)。用大家比較熟悉的名詞來說，就是一種由多個原子組成的分子。他先說明細胞核中的染色體經由有絲分裂與減數分裂，主宰生物的成長與遺傳。因為成長和遺傳有很高的規律性，就好像照著劇本在演出，因此我們可以假設染色體帶有一種稱為基因的物質，而生命的劇本就銘刻其上。當時，有篇德爾布呂克 (M. Delbrück, 1906-1981)、鐵莫菲耶夫 (N. Timoféëff, 1900-1981) 與齊默爾 (K. Zimmer, 1911-1988) 三人所寫的研究論文，說明從 X 光如何

影響基因突變的實驗可以推知，基因所含原子數目並不多，僅約上千個原子而已。如果攜帶遺傳密碼的基因只有上千個原子，則根據古典統計力學，在熱擾動的影響下，基因不可能是穩定的，這樣一來就不能夠解釋有高度穩定性的遺傳機制；除非，基因中的原子能夠藉由化學鍵而形成分子。化學家早就提出化學鍵的觀念，而且廣泛使用。但是化學鍵理論要在量子力學出現之後才有完備的基礎。

由薛丁格方程式推導出化學鍵理論的是兩位物理學家海特勒 (W. Heitler, 1904-1981) 與倫敦 (F. London, 1900-1954)。薛丁格在書中多次強調，分子的穩定性只有在量子力學架構中才有圓滿的解答。薛丁格在書中用了「非週期性晶體」一詞來描述基因，是因為把晶體中的原子結合在一起的力量與化學鍵，從量子力學的角度看，並沒有本質上的不同，所以他才把分子及固體與晶體都對等在一起。因為遺傳機制的穩定性奠基於分子的穩定性上，所以薛丁格的主要結論就是，要瞭解基因的物質基礎，不能沒有量子物理。當然，薛丁格留下了一個大問題，那就是：「基因的具體分子結構為何？」許多年輕人因此受到啟發，投入分子生物學研究。這些人當中，不少人後來成了分子生物學大師。

從歷史的角度來看，我們可以說，《生命是什麼》在一個絕佳的時機宣告了一個新時代的來臨。也就是說，想要深入瞭解生命現象之物質基礎的時機已然成熟。《生命是什麼》不是長篇巨著，裡頭談到的生物學以及基因的相關知識，也非薛丁格自己的創見。但是薛丁格掌握了問題的關鍵，深入淺出又扼要地引導讀者到達知識的前沿，若沒有深厚的學術功力是做不到的。所以《生命是什麼》成為二十世紀科普經典之一，實在當之無愧。

　　我們不要忘記，《生命是什麼》是一本出版在五十六年前的老書，裡面的許多觀念現在多已非常細膩地被進一步闡述和釐清。書中第六章〈有序、無序和熵〉提到有機體倚賴負熵 (feed on negative entropy) 來維持生命狀態，著名化學家鮑林 (L. Pauling, 1901-1994) 和佩魯慈 (M. Perutz, 1914-2002) 就抱怨這樣的講法太過簡略，無法令人滿意。所以讀者在閱讀這一章時，要瞭解薛丁格在此的解說是比較弱的。

　　回到「為什麼是薛丁格」這個問題，我認為答案有兩個。一是薛丁格的興趣廣泛，學養淵博，又有前瞻的眼光，所以能跨越學科間的障礙，敏銳地宣告學科統合的時代已經來臨。像薛丁格這樣真正的通才，不論是當時或現在，都很少見。因此我們可以說，這種大格局的演講，除了薛丁格，其他人是給不出來的。第二個原因是，量子力學在解釋生命現象上是不可或缺的，而薛丁格自己是量子力學的創建者之一，所以我相信薛丁格在說明海特勒和倫敦的化學鍵理論有何重要性時，一定有種不可言喻的驕傲與滿足感。因此，薛丁格比其他任何物理學家更有資格來談「生命是什麼」這個題目。

　　都柏林三一學院在 1993 年 9 月舉辦了一場研討會，慶祝薛丁格「生命是什麼」系列演講五十週年。多位知名的學者從各自的專業領域，嘗試以薛丁格原來的演講風格，展望生物學未來五十年的遠景。當然也有一些人選擇回顧《生命是什麼》在歷史上的意義。其中，古生物學家古爾德在承認這本書的重大影響力之餘，也批評薛丁格窄化了「生命是什麼」這個命題的意義。他認為，我們在討論生命時，不應自限於生命現象的物理或化學機制。我們能徹底瞭解基因當然是非常重要的成就。但不應忘記，生命是由演化而來，

而演化過程多半是偶然而非必然的，演化的結果往往不可預測。古爾德認為，「生命是什麼」 其實也是個歷史問題 。 光從普適 (universal) 的物理定律去看待生命現象，不可能看清楚生命的全貌。我想薛丁格如果今天還健在，他也會同情古爾德的抱怨。不過我也相信薛丁格無意引導讀者接受狹隘的化約觀點。我們只能說，他用了一個太有吸引力、卻很難面面俱到的題目。所以在未來，我們還要以更開闊的視野來繼續探究薛丁格在半世紀前沒有圓滿完整回答的問題。

22. 誠實的吉姆

　　「我從沒看過弗蘭西斯‧克里克有謙虛的時候。」這裡的「我」是 1928 年出生的美國人詹姆士‧華生（朋友都叫他吉姆 (Jim)），克里克是他的科學夥伴，英國人，年長他十二歲。兩個人在 1953 年發現了遺傳物質 DNA 的雙螺旋結構，因而一起獲得 1962 年的諾貝爾生理醫學獎。這項工作公認是上個世紀生命科學最重要的發現，因為它破解了遺傳機制之謎。華克二人理所當然地成為科學家羨慕（與忌妒）的英雄人物。他們發現雙螺旋結構的故事相當精采，已經引出了好幾本書（還有一部電影）。其中，最出色、最叫座、也最引起議論的就是華生自己所寫的《雙螺旋》(*The Double Helix*) 這本書。書中第一章第一句話就是我引在本文最前面的那一句，華生自己對於這樣有力的開場頗為得意。克里克後來談到《雙螺旋》時開玩笑地說他也曾想寫一本書，開頭會是這樣子的：「吉姆總是笨手笨腳的，你只要看他剝橘子……」

　　華克兩人相遇於 1951 年夏天，地點是劍橋大學的卡文迪西實驗室。當時華生 22 歲，剛從印地安那大學拿到博士，指導教授是分子生物學大師盧瑞亞 (S. Luria, 1912-1991)。而克里克因為二次大戰的關係，還只是沒有博士學位的「老」研究生。他與到卡文迪西實驗室當博士後研究員的華生一拍即合。兩人都讀過物理大師薛丁格的名著——《生命是什麼》，也因而都很瞭解，徹底弄清楚遺傳物質的

化學結構非常重要。X 光繞射是判定分子結構的主要工具，當時卡文迪西實驗室的主任布拉格 (L. Bragg, 1890-1971) 是這門學問的開山祖師，實驗室也正有多組人馬正在利用 X 光繞射求解生物分子的結構。當分子結構複雜時，進度就慢，得很有耐心。華克二人自己不做實驗，算是理論家。他們的進路主要是從實驗數據中找靈感，直接建構／猜測分子結構。這樣做若要成功，點子要多、直覺要強、方向要抓得穩，才不至於胡猜，一事無成。克里克在大學主修物理，物理背景恰好和華生的生物背景互補，這樣的搭檔最適合追求 DNA 分子結構這類跨科際研究。不過依克里克的看法，不是華生與他造出了 DNA 結構，而是 DNA 結構造就了他與華生。

　　科學發現的故事由當事人自己來講雖說是很自然的事，卻不必然就精采，一不小心就會陷於自吹自擂或是乏味枯燥。華生的《雙螺旋》是通俗科學寫作難得的傑作。書中將關鍵人物的性格描繪得非常生動，研究的動機與過程也交代得很清楚。書中主角就是克里克，一個精力充沛又有大嘴巴的天才；配角人物則是苦幹實幹、在實驗室取數據的威爾金斯 (M. Wilkins, 1916-2004) 和羅莎林‧弗蘭克林 (R. Franklin, 1920-1958)，還有遠在加州理工學院的化學大師鮑林。華生把鮑林看成是可怕的對手，一直很神經兮兮地擔心目標會被鮑林捷足先登。讀者當然喜歡這樣子比較戲劇化的描述。

　　不過《雙螺旋》還有別的特色，才會引起我先前提到的爭議，那就是華生毫不掩飾他的野心：拿諾貝爾獎。在他筆下，科學研究就是競爭的遊戲，贏家才得以名垂千古。研究的動機不僅是好奇而已，追求成功恐怕更為重要。在華生之前，沒有人敢這樣明目張膽地暴露這些「真相」。其實華生本來想要把這本書命名為「誠實的吉

姆」(Honest Jim)。起初，華生把書交給他所任教的哈佛大學出版，但後來很多讀到《雙螺旋》初稿的「紳士」科學家覺得華生做過頭了，認為《雙螺旋》抹黑了華生的許多同事。這些人施加壓力，使得哈佛大學校長終於被迫命令其出版社不得出版《雙螺旋》，哈佛大學也因此損失了大筆收入。結果《雙螺旋》是由一家叫「問學館」(Athenaeum) 的小出版社在 1968 年推出，馬上引起轟動，讓「問學館」得了個大便宜。

1967 年，華生接任著名的冷泉港實驗室主任一職，逐漸成為美國分子生物學的代言人。2000 年，實驗室出版社發行了華生的新書——《熱愛 DNA》(A Passion for DNA)，收錄了華生的一些散文。裡頭多處談到《雙螺旋》的寫作動機與過程，表現了他的品味。他說：「我的目的一開始就是寫一本和《大亨小傳》(The Great Gatsby) 一樣棒的書……我讀了所有葛林 (G. Greene, 1904-1991) 寫的書……我有個好故事要講，如果用心一點，讀起來或許會像費茲傑羅 (F. Fitzgerald, 1896-1940，《大亨小傳》的作者) 的小說。蓋茨比 (《大亨小傳》主角) 某些方面是個騙子，雖然我沒有那樣糟糕的過去，但有一些科學家認為我也好不到哪裡去。所以我要在整個故事中把動機的曖昧性清楚地呈現出來。」哇！有多少科學家講得出這樣子的話？他又說：「很重要的是，一開始就想到『誠實的吉姆』這個名字。艾米斯 (K. Amis, 1922-1995) 的 《幸運的吉姆》 (Lucky Jim) 讓我捧腹大笑，當然還有《吉姆爺》(Lord Jim) 這本書。所以也許我可以寫出一本能夠和這兩本名著相提並論的書。要做到這樣，得真實展現我值得介紹的朋友。我認為他們很有意思，別人或許也會和我一樣。」讀了這些，還有人會以為華生只是幸運而已嗎？

2001
11/14

23. 閒話的用處

　　發現 DNA 雙螺旋結構的生化學家華生與克里克都是難得一見的豪傑人物，他們能夠在關鍵時刻碰在一起也算是天意。兩人雖然各擅勝場，不過行內人一般以為克里克的才氣還要強過華生一籌。雙螺旋之後，華生一人去了加州理工學院，想要重施故技，「猜」出 RNA 結構，但未能成功。後來華生自己就說：「我知道很多外人這時會認為克里克才是主要的 DNA 頭腦，因為他很明顯地超級聰明，而我只會作夢，常常找別人替我用腦筋。」（見華生著《熱愛 DNA》，119 頁。）克里克大華生十二歲，幾乎是不同世代的人，怎麼會被華生找上「借用腦筋」呢？原來克里克由於種種因素，到了三十來歲才決心投入純科學研究。兩人在 1951 年相見時，克里克還僅是 35 歲的博士班研究生，可以說是近代科學非常罕見的大器晚成之士。華生寫的《雙螺旋》一書裡，克里克是主角，所以有約略地交代克里克早年的經歷，不過還不是很詳細，不能回答好奇的讀者的許多疑問。當事人克里克自己終於在 1988 年也出版了他的自傳《瘋狂的追逐》(*What Mad Pursuit*)，才清楚地說明了他科學生涯的奇特轉折。

　　克里克出身英格蘭中部中等家庭，父親與伯父共同經營一家祖傳的製鞋工廠。克里克一家雖然和大多數人一樣，星期天早上會上教堂，但並不算是非常虔誠的教徒。漸漸地，克里克失去了宗教信

仰，他猜是由於「我對科學漸增的興趣及講道者低落的智性水平」，因此「無論是什麼緣故，從那時（他想是在 12 歲的時候）起，我就是一個懷疑論者 (skeptic)，一個有強烈無神傾向的不可知論者 (agnostic)。」他說：「毫無疑問，對基督教失去信仰與對科學的逐漸執著是我的科學生涯關鍵的一部分，影響倒不是在日常行事上，而在於我認為什麼是有趣又重要的事情。」

上大學後，克里克主修物理副修數學，成績不算頂好。那時的物理課程還沒追上時代，教的都是一些傳統的老東西，至多有波爾原子模型，量子力學只在學年末提了一下。一直到戰後，他才自修了量子力學。克里克在《瘋狂的追逐》裡說，他現今對近代物理的知識只有《科學美國人》(Scientific American) 雜誌的水準。大學畢業後，跟著一位教授做了一陣子他認為很無聊的研究。接下來二次大戰爆發，克里克就到英國海軍總部實驗室參與磁性海雷與聲海雷的研發工作。他可以將海雷的效率提高五倍，算是相當成功。

戰爭結束，克里克一時不知道下一步要怎麼走。他可以留在海軍當平民雇員，但他不願意一輩子設計武器。他心中想做的是基礎研究，但他看了一下自己的紀錄：一篇論文也沒有，大學成績也不突出，懂一些他沒有感到任何熱情的磁學與流體力學，和幾篇實驗室的內部工作報告。紀錄可以說是乏善可陳，一片空白。克里克後來才逐漸體會到，空白的紀錄反而可能是項優點。因為與他同齡、三十出頭歲的科學家，都被其專長給困住了。這些人在困難卻狹隘的專業上已經投資太多，不敢跳出來。克里克只有基礎的物理與數學訓練，但卻因此是「自由」的，不過他要如何把握住機會呢？

　　克里克找了幾位前輩和朋友商量，他們都對他說沒有什麼道理他不能在純科學界研究闖出名堂。受到鼓勵之後，他接下來得選擇一個研究領域。克里克非常清楚，他只有一次機會，所以只能投入真正有熱誠的題目。這個問題他在心裡放了幾個月，直到一天晚上，他發現了一個找出自己真正興趣所在的方法：一個人愛閒聊的東西就是他感興趣的東西，所以只要檢查閒話的內容，就可知興趣所在。克里克之所以想到「閒話測試」(gossip test)，起於他有一天興奮地對一些軍官朋友述說抗生素（如盤尼西林）的最新進展。當晚他才認知到，關於抗生素，除了在通俗科學雜誌上所讀到的，其實他什麼也不懂。當天他其實並沒有告訴朋友任何科學，他只是在「閒話」科學。克里克說：「這一點認知對我是個啟示，我發現了閒話測試。」他沒有猶豫，馬上就把「閒話測試」用到自己最近的言談。很快地，他就找到自己的興趣主要在兩個方向：一個是生命與非生命的界線，另一個是腦的作用。克里克說他反省了一下，發現這兩個領域的共同點是，對許多人來說，它們碰觸的是科學所不能及的題目。明顯地，克里克對宗教的反感是他的本性之一。

　　接下來只要二選一就容易多了。克里克以他的背景，選擇了第一個方向。當然他也受了所讀的書，例如薛丁格的《生命是什麼》的影響。他在這個正確的選擇裡打滾了三十餘年，也爬到生物化學這一門學術的頂峰。過去十幾年來，克里克開始探索腦與認知的問題，算是回到當年「閒話測試」的結論，也是一種堅持。

24. 啟　發

　　哲學家丹涅特 (D. Dennett, 1942–) 的研究領域是意識／認知
／心靈。他在當代這個熱門的領域中，頗有名氣，算是占有一席之
地。其實丹涅特的部分聲望得歸功於他那隻健筆──他出版了好幾
本口碑不錯的認知科（哲）學普及書籍，是所謂「第三種文化」的
明星代表之一。丹涅特在 1995 年推出《達爾文的危險想法》
(*Darwin's Dangerous Idea*) 一書，相當受歡迎。他除了詳細地解釋達
爾文演化理論的要義，以及其精妙的哲學意涵之外，還特別點明一
般公認是演化論最佳代言人的古爾德反而根本是在誤導大眾對達爾
文的認知。其他知名學者，如物理學家潘羅斯 (R. Penrose, 1931–)
等也逃不過丹涅特的指責，因為這些人在他眼中都或多或少違逆了
達爾文理論。丹涅特的炮火理所當然地為他惹來好幾場筆戰。我的
看法是，丹涅特有時的確是在刻意挑釁，道理並不完全都站在他這
一邊。可是因為他的敘事手法高明，《達爾文的危險想法》仍是很好
看、也讀來很有收穫的一本書。

　　依丹涅特看來，以他那比較戲劇化的表達方式來說，達爾文的
演化論是人類迄今所想出來最棒的點子，牛頓與愛因斯坦還要排在
後頭。丹涅特說：「依循自然選擇（natural selection，簡稱「天擇」）
而演化的這個想法，一舉統一了（原本毫不相干的）生命、意義、
目的這一範疇與時空、因果、機制、物理定律那另一範疇。」為什

麼這樣說？因為達爾文提出自然選擇這個機制是為了要解釋生物學裡的一大謎題：在達爾文當時，生物學家已經看到不少證據，知道相似卻又不同的物種數目繁多，而且物種會滅絕，新物種也會出現；物種並非一成不變，而是在不停地演化。何以如此？演化是一項絕對不可能理解的神祕自然現象呢？或是可以有個符合物理（質）定律的解釋？

　　達爾文於 1859 年發表《物種原始》，解釋了演化的成因。他說物種於不同世代之間皆會有小變異出現（達爾文當時沒有生化、基因等知識，還不知道變異出現的機制），例如體型大小、顏色等，這些差異會影響個體在不同環境之下的生存機會。例如顏色較深的蛾在森林中，存活的機會就較高。無法適應環境的個體，就會消失。生存下來的個體，經過很多世代的累積，就會形成新物種。所以演化的動力來自於自然（環境）的「選擇」，與人為的選擇（即「人擇」），例如人工繁殖狗的新品種有類似之處。達爾文的天擇論提供了簡單漂亮的機制，讓物質世界與繽紛的生命世界間的鴻溝不再深不可測，而有了銜接的可能。

　　可是為什麼丹涅特還要用上「危險」二字來形容天擇呢？因為環境的變化是隨機的，沒有任何意志可以操弄。物種的滅絕與出現僅是巧合，與善惡無涉。這個觀點很明顯地對於人類的自我認知、宗教、道德風俗有極深的顛覆意味。一個在英國維多利亞時期就已流傳的有名故事是：一位上流貴婦在聽到天擇論以後說：「希望達爾文先生錯了。萬一他是對的，那麼最好知道他理論的人愈少愈好」。現今很多人和這位貴婦一樣，對於天擇機制依舊感覺很不舒服，不願接受。所以儘管《物種原始》出版至今已近一百五十年，書市還

仍不斷地出現類似《達爾文的危險想法》這種宣揚達爾文理論真義的書。

　　達爾文在 1876 年寫下他的自傳，裡頭提到他是從馬爾薩斯 (T. Malthus, 1766-1834) 的《人口論》(*Essays on Population*) 中得到天擇理論的靈感。馬爾薩斯提出人口數目是呈幾何級數成長，遠超過自然資源所能負荷，所以到處都是鬥爭。達爾文寫到：「1838 年 10 月，在我開始有系統地研究（演化問題）十五個月之後，純然只為了消遣，我剛好讀到馬爾薩斯的《人口論》。因為我已經長期觀察動物與植物的習性，很可以瞭解處處都存在著為了生存的鬥爭，我馬上想到在這種情況下，有利（於生存）的變化就較易保存下來，不利的變化就毀滅了，結果就是新物種形成。我終於起碼有了一個理論作為起點。」我們都知道，牛頓的力學體系在啟蒙時期對於當時的政治哲學家，如洛克 (J. Locke, 1632-1704)、伏爾泰 (Voltaire, 1694-1778) 有深遠的啟發作用。現在我們看到反過來的影響，政治哲學啟發了自然科學，促成了在一些人眼中「人類迄今所想出來最棒的點子」，這真是奇妙。達爾文「純然只為了消遣」會去閱讀《人口論》，這種品味不是可以快速移植的。

2002
05/01

25. 你在那裡嗎？

　　2001 年， 公共電視臺播出了一連八集介紹達爾文演化論的影片，每集長約 50 分鐘。這一套影集是由美國波士頓公共電視臺製作的，內容包括達爾文生平、自然選擇理論、基因、人類演化等，其中穿插了歷史戲劇與一些名學者的現身說法。全部影片中有一幕特別引我興趣：最後一集討論演化論與宗教信仰的衝突這個尖銳話題，其中一處真實場景看起來像是創造（世）論者的演講聚會。臺上很有煽動力的演說者對著臺下情緒高昂的聽眾說：「每當你聽到有人開口講說『其在幾百萬年前……』，你就問他『你當時在那裡嗎？』來，跟著我說一遍『你當時在那裡嗎？』。」聽眾立即隨聲附和，彷彿演化論會就此應聲而倒，背後的邏輯似乎是：如果沒有任何一位演化論者能夠回答「是」，那麼演化論就沒有堅實的證據，僅不過是理論而已，其力道就此全被消解，沒有什麼強過創造論之處。

　　當然，這只是創造論者壯膽的心理戰而已，無關乎戰役的勝負。不過我們該怎麼回答「你在那裡嗎？」這個故意刁難的問題呢？我們可以耍嘴皮地反問：「你見過你曾曾祖父嗎？」但是這樣好像還是不能全然令人滿意。其實，這個問題碰觸到了現代科學知識（甚至是哲學）的核心意義，只有靠「一長串的論證」才能講得完整，沒有簡單的答案。

　　就原則而言，我們真正面對的問題是，什麼時候才可以相信不

能直接摸到、看到、聽到的事物。舉個例子，一個原子的大小只有可見光波長的幾千分之一，因而無法看得到。物理學家一直要到1980年代，利用新發明的掃描穿隧電子顯微鏡 (scanning tunneling microscope) 才勉強算是「看到」了原子。然而在此之前，所有的科學家已經都相信了原子的存在。何以如此？原因當然是原子的概念可以圓滿地解釋太多的現象，如果放棄了它，很多學科（包括大部分的物理、化學、生物）就要垮掉。再者，沒有任何一件與原子概念相矛盾的現象出現。同時，原子理論的預測都獲得證實。一個關鍵的例子是，愛因斯坦1905年提出的布朗運動理論，認為植物學家布朗 (R. Brown, 1773-1858) 於1827年所發現的花粉在水中的晃動，就是花粉受水分子不斷地碰撞所造成的。愛因斯坦還利用數學預測了一些定量的結果，後來也由法國實驗學家佩蘭 (J. Perrin, 1870-1942) 證實了。這樣的例子每多出現一個，原子理論就更穩固一些。所以到了1980年代，原子的存在已不須懷疑。

可是在十九世紀末，對於一些比較保守謹慎的科學家來講，原子的證據依然不足。原子論的贊成與反對兩派，仍有爭辯的空間。那時，名物理／哲學家馬赫採實證主義觀點，堅持反對立場，使得擁護原子說的大將波茲曼 (L. Boltzmann, 1844-1906) 相當沮喪。波茲曼後來自殺，傳言與他的理論不為人所接受有關。這段歷史說明，任何對於科學理論的質疑，科學社群自家人絕對不落人後。科學理論也只有經過千錘百鍊，才會為人所接受。在近代科學中，「證據」的意涵已更為豐富。尺度太小的物體是否存在，固然不能以看不看得見為判準，一些歷史事件，例如大霹靂 (big bang)，無須身處事件的現場，我們也能肯定事件的真實性。

　　回到達爾文理論，它已經取得原子論般的穩固地位了嗎？我的答案為尚不完全是，但已相差不遠，算是最成功的科學理論之一。就如原子論，在原子現身之前便已通過檢驗，演化論也在我們無法「看到」所有的演化過程之前，就已經成立。原因是：演化論一來可以解釋生物界的諸多現狀；二來與非常多的科學知識彼此相容，直接一點的如地質、生理、生化，間接一點的如物理、化學；三來透過長期觀察，已經可以驗證某些天擇現象。這些多重因素，就構成演化論堅實的證據。

　　名科學哲學家南西‧卡特來特 (N. Cartwright, 1944－) 在 1999 年出版了一本書來討論科學定律的本質，名為《斑駁的世界》(*The Dappled World*)。從書名就可以約略猜出卡萊特的觀點：科學定律是七拼八湊的，而不是像金字塔那樣有規則地疊合在一起；科學已經分散成各個學門，各有各的適用範圍。這種說法引得（提出著名的「多就是不一樣」(More is Different) 的）物理學家安德森寫了一篇嚴厲的書評，駁斥這種觀點已經過時。安德森認為，用綿密的網來比喻現代科學才恰當。科學知識固然不是七拼八湊，也不像金字塔，而是一張多重連通的網。安德森顯然贊同生物學家威爾森所強調的「知識大融通」(consilience) 的講法。卡萊特的回應則是安德森扭曲了她的觀點。兩人之間的爭議讓我領悟到，或許科學行外的人低估了前面我所強調過的「科學知識彼此相容」之困難與可貴。科學之網愈來愈嚴密，出岔錯的機會就愈來愈低，這是大量科學研究的成果。此之所以我們雖不在「那裡」，卻也知道「那裡」發生了什麼事。

26. 費曼的哲學

　　理察‧費曼（依發音應譯成范曼）是我的英雄。他的每一本書我都有，他的論文我也蒐集了大部分，其中不少也還仔細讀過。費曼是二十世紀大理論物理學家，閱讀他的作品理應是我分內的事。但也因為他的成就已經在教科書上解釋得清清楚楚，所以我其實沒有必要非得回頭讀他的原著論文不可。但是費曼的論文與平常（即便是有大突破）的論文不同，有一種特殊魅力，會把你抓住。讀他的文章好似在讀一個精采的故事，從一個好問題開頭，繼而是精采的推論，最後是美妙的結局。一般沒有什麼高低起伏的科學文章，如果把作者名字蓋掉，便不容易猜出是誰的作品。但是費曼的文章只有他才能寫得出來，不可能錯認成別人的手筆。所以讀費曼的文章，就好像在欣賞藝術作品，純然是為了某種智性享受。

　　貝特是 1967 年諾貝爾物理獎得主，大費曼十二歲，在曼哈頓原子彈計畫中與費曼皆屬於理論組，是費曼的上司。他曾說：「費曼是位很不尋常的科學家。我的朋友卡茨（M. Kac, 1914-1984，數學家）說得好，他說天才有兩種。我，貝特，是普通天才，但那費曼是位魔術師天才。」普通天才是不可及卻可理解的人物，而魔術師天才根本見首不見尾，我們完全搞不清楚他們是怎麼變出作品的。費曼的對手，與他同年，同為紐約猶太人，也同因量子電動力學而獲1965 年諾貝爾物理獎的許溫格 (J. Schwinger, 1918-1994) 也說過：

「那個費曼，總是有些新鮮的說法。」費曼的文章可貴之處就在於他那些「新鮮的說法」。尋求不一樣的觀點並不是科學的專利，所有一流的藝術、文學、音樂莫不如此。

1985 年，費曼出了一本暢銷書——《別鬧了，費曼先生》(*Surely You're Joking, Mr. Feynman*)，把他那原本局限在學術圈內的名氣傳播開來。這本書是他打鼓好友雷頓 (R. Leighton) 從他的口述錄音帶整理成文的。書中沒有深入談論什麼科學，只有三十來個費曼親歷的大小故事。例如他如何在酒吧裡學勾引女孩子，怎樣成為原子彈實驗室裡的開保險櫃高手，又如何在兵役體檢時被判定心理不正常。這些又荒唐、又好笑、又非常人性的故事，為費曼拉來新一波的仰慕者。從書中，我們認識的是一個機智、好奇、好強、愛現、頑皮、真率、討厭虛偽的費曼。讀者不會知道的是，這樣語不驚人死不休的費曼，只是部分面相而已。

1988 年，費曼又出了一本（也是由雷頓整理成文的）續集故事——《你管別人怎麼想》(*What Do You Care What Other People Think*)，揭露了更多的自己。書內故事主軸之一是他與第一任妻子愛琳 (Arline Feynman) 的愛情故事。他與愛琳在中學就已相戀，他們計畫在費曼學業完成後結婚。沒想到愛琳卻得了那時的不治之症——結核病，但兩人在家人的反對之下仍「私奔」結婚了。後來費曼到洛斯阿拉摩斯 (Los Alamos) 國家實驗室參加曼哈頓原子彈計畫，主任歐本海默 (R. Oppenheimer, 1904-1967) 特別安排讓愛琳住進實驗室附近（約一百哩外）的醫院，讓費曼週末可以去看她。最終，愛琳死於 1945 年原子彈完成前夕。由於結核病，他倆的愛情路走得特別艱辛。兩人曾約定不得相互說謊，要勇敢面對事情。這

也使得費曼在屈服於家人要求對愛琳隱瞞病情時，特別痛苦。《你管別人怎麼想》就是愛琳與費曼相互激盪出來的人生哲學。費曼在書中說：「人類明知不可逃避死亡，卻還是活下去。我們歡笑，我們嘲謔，我們照樣過日子 (we laugh, we joke, we live)。」

　　古今東西（倫理）哲學上的一個大疑問就是，我們應當如何活著 (How ought we to live?)。費曼雖然不是一般定義下的哲學家，他卻不斷地在追尋答案。世俗名譽固然是他喜歡的，但是他也知道其中的虛妄。對於落在他頭上的聲譽，也會覺得不安（他說過："Honor bothers me"）。他主動辭去美國科學院士頭銜，因為科學院對他而言，不過是一群熱衷相互稱讚、標榜的人，他不喜歡這種「榮譽」。他從名數學家馮諾伊曼 (J. von Neumann, 1903-1957) 那裡學到：「你不需要為活在其中的世界負責」。這是一種其反面敘述也是真理的真理。費曼在許多演講場合愛開哲學家的玩笑，說他們常常正經八百地講一些關於科學的廢話。我一直認為費曼自己其實就是一位哲學家。他不會輕易地談論抽象的原則，因為絕少原則是沒有例外的。他愛講故事，因為人生真相就在故事之中。他一輩子所做的就是不斷地懷疑與追尋，哲學家不就是這樣？

　　我在高行健 (1940-) 的小說《一個人的聖經》裡看到幾句話：「自由絕對排斥他人，倘若你想得到他人的目光、他人的讚賞，更別說譁眾取寵，而譁眾取寵總生活在別人的趣味裡，快活的是別人而非你自己，你這自由也就完蛋了。」顯然費曼的「你管別人怎麼想」哲學還是有一些知音的。

2003
07/02

27. 不可承受之重

　　1951 年，72 歲的愛因斯坦回信給一位加州學童說：「科學是很棒的東西──如果我們不必靠它謀生。任何人對於賴以謀生的工作應該有充分的能力。只有當我們不必拿研究的成果向別人交差的時候，才能體會科學研究的喜悅。」今天我們如果還把愛因斯坦這段話當真，就會得到以下的結論：科學家或者沒有享受到科學的樂趣，或者他們不用向別人交差，或者他們對於自己的研究能力有十足的把握。我的印象是當今相當多以科學研究為業的人，對於自己的研究的確有充分的信心，雖然其中不少人不見得能得到愛因斯坦的敬意，因為他曾抱怨：「有一些科學家（的工作就像）拿了一塊木板，尋找它最薄的地方，當鑽孔容易的時候就鑽了很多洞，我不能忍受這樣的科學家。」總之，只要降低標準一點點，交差似乎不是那麼困難的事。

　　無論如何，極少科學家願意公開承認對於科學研究沒有把握，而費曼是其中之一（或許因為他已經功成名就，所以才敢洩漏心中的焦慮）。在暢銷書《別鬧了，費曼先生》第四部分 (part 4) 一開頭，費曼就說：「我不相信我可以真的不用教書。原因是當我沒有任何點子、什麼也做不出來的時候，我一定要有些東西可以拿來對自己說『起碼我還活著，起碼我還在做一些事，我還有些貢獻』──這純然是心理作用。」他說在任何思考過程中，有時候一切都很順利，

好點子不斷出現，這時教書就是一種干擾，是世上最痛苦的事。但是更為常見的情況是，你一個點子也沒有，處處碰壁，直要發狂。費曼說，這時如果你能教點書，複習一下基本的東西，藉由學生的提問，回顧一下已經遺忘的深奧問題，反倒是一件好事。所以他發現：「教書與學生讓生命繼續下去。我決不接受任何⋯⋯不必教書的工作。決不！」

費曼舉了著名的普林斯頓「高等研究院」(Institute for Advanced Study) 為例，當時那裡「供奉」了最頂尖的學者，如愛因斯坦、哥德爾 (K. Godel, 1906-1978)、馮諾伊曼等人。這些精英不必教書，沒有任何義務，可以無憂無慮地「坐著想」(sit and think) 出偉大的思想。但是費曼認為儘管環境這麼好，這些人還是拿不出什麼不得了的成果，因為他們不用面對學生、不必與實驗學者接觸，也就避開了「真正的活動與挑戰」。對他們而言，「沒有壓力」正是承受不起的壓力。

費曼自己剛出道不久時，也曾經受邀加入「高等研究院」。因為大家都知道費曼喜歡教書和接近實驗，所以研究院提供一種特殊的安排，讓費曼可以花一半時間在普林斯頓大學教書，一半時間在研究院——「特殊的例外！比愛因斯坦的位置更棒！太理想了！太荒謬了！」可想而知，費曼只能拒絕這麼完美的安排——他無法承擔起隨之而來的責任。費曼並不是唯一能夠對高等研究院說不的人，但是他回絕的理由卻應該是絕無僅有——憂慮自己可能會辜負了別人的期許。費曼這樣跟自己的「良心」掙扎，一定有人會說實在太客氣了些。

　　其實費曼對於高等研究院的診斷也還有斟酌的餘地：愛因斯坦等人做不出好研究的原因未必是因為沒有「真正的活動與挑戰」。現任高等研究院教授的天文學家巴寇 (J. Bahcall, 1934-2005) 就說，研究院的永久教授都是已經做了「兩件重要的事」才能進到研究院來；而一個人在科學中若已經有了兩項（甚至是只有一項）重要的成就，無論是因為腦子已經不新鮮，或是什麼我們還不清楚的原因，依機率而言，就很難再一次攀登頂峰。所以難怪研究院裡那些「偉人」極少在那裡想出什麼了不起的東西來，對他們本來就不應該有太高的期待。而像費曼這種年輕人，當他正處於創造力高峰時，有可能他無論身在何處都拿得出一流成績來。（大家還記得愛因斯坦就是在專利局上班的期間顛覆了古典物理，那個環境的活動與挑戰一定比不上高等研究院。）不過費曼能想到用教書作為心理的防衛機制，倒是頗有意思。

　　愛因斯坦在 1927 年寫信給好友艾倫費斯特說：「我現在再也不必去和別人比誰更聰明了。我一向覺得參與這種競爭和熱衷於爭權奪利一樣，都是很邪惡的桎梏。」然而科學的競爭雖然殘酷，英雄豪傑還是前仆後繼。愛因斯坦與費曼都是這場永不休止競賽的幸運兒，他們不尋常的地方在於還會想一想這一切的意義。

28. 另一種鼓聲

　　依慣例，諾貝爾獎得主都會在頒獎會期發表演講，內容大致上是得獎工作的回顧與展望。事後這些演講稿也會正式發表，是很有價值的文獻。但是很多文章對於得獎工作的細節著墨太多，讓行外人很難一窺究竟，不免覺得枯燥。不過有些文章對於作者當初的心路歷程有很精采的描述，讀起來很過癮。讓我印象特別深刻的兩篇諾貝爾演講稿是 1965 年費曼的〈量子電動力學時空觀的發展〉(*"The development of the spacetime view of quantum electrodynamics"*) 與 1982 年肯尼斯‧威爾森 (K. Wilson, 1936-2013) 的〈重整化群與臨界現象〉(*"The renormalization group and critical phenomena"*)，原因之一是兩位作者恰好前後呼應地表現出了不從俗的精神。

　　費曼大家比較熟，但多數人可能沒聽過威爾森。比費曼小十八歲的他從小就是天才學生，父親是哈佛大學化學教授，曾經與鮑林合寫過一本有名的量子力學教科書。威爾森在 20 歲就進加州理工學院物理研究所攻讀博士，費曼與葛爾曼 (M. Gell-Mann, 1929-2019) 是那裡的明星教授。威爾森在諾貝爾演講中說到，他一到加州理工學院就執行父親給他的訓令：「去敲費曼與葛爾曼的門，問他們正在做什麼？」費曼的答案是「什麼也沒在做」(nothing)，葛爾曼則寫下三維易辛模型 (Ising model) 的配分函數 (partition function)，並對威爾森說，如果你能把它算出來是很好的。

威爾森說當時最優秀的學生都理所當然地跑去做基本粒子理論。他曾想抗拒這個潮流，便在暑假到工業界去研究電漿物理。沒想到工作了約一個月之後，人家就要他把結果寫出來。威爾森說他發誓以後要選擇一個有深度的研究主題，那個題目起碼需要研究五年才會有值得發表的成果。基本粒子理論似乎最能滿足這個條件，所以他回頭找葛爾曼要一個粒子理論的題目。一陣子過後，他發現粒子間的強交互作用是個瓶頸，很多現象之所以無法理解，原因就在我們沒有處理強交互作用的有效辦法。他對葛爾曼建議的計算方法不甚滿意，於是走上了自己的路，去尋找有威力的工具。

當時對付強交互作用最流行的理論是「S 矩陣」，這個理論的教主是丘 (G. Chew, 1923-2019)。他認為由費曼、許溫格等人發展出來的量子場論已經過時，不能對付強交互作用。丘當時紅極一時，學生滿天下，有不得了的影響力。但是威爾森卻認為 S 矩陣有其不可克服的盲點，而且量子場論的氣數未盡，還有很多重要的東西等待挖掘。所以儘管題目很難，也沒有什麼夥伴，他依然堅守氣勢低迷的量子場論。

威爾森堅持研究場論的代價是無法很快地發表論文，這樣的「求仁得仁」固然是他當初的願望，但是殘酷的論文發表壓力又該如何應付？還好威爾森的才氣還是有人欣賞（此人據說也就是當過費曼上司的貝特），所以他「雖然沒有發表任何東西，似乎還能找到工作，因此就不去擔心『不發表就滾開』(publish or perish) 的問題。」

事情終於峰迴路轉：在 1970 年代初期，威爾森發現他長久以來研究的「重整化群」恰好是瞭解臨界現象最好的理論架構——用重整化群可以算出一般統計力學技巧無能為力的臨界指數 (critical exponent)。重整化群本來是量子場論中的老話題，但是大家並不明瞭其真正的意義，所以一向不為人重視。只有在威爾森的工作出現之後，人們才體認到重整化群是量子場論的核心概念，並且統計力學與量子場論兩門學問的根基其實是同一回事，兩邊的技巧與概念都可以彼此借用。威爾森把量子場論推上顛峰，這項成就非常了不起。很少理論物理學家能和他一樣，在「沉澱」了十來年之後才完成大學問而功成名就。

　　費曼也是走自己的路去征服量子場論，他的路數與許溫格跟隨正規理論的做法大異其趣，許溫格曾說費曼聽從的是「另一種鼓聲」。費曼在諾貝爾演講裡，「從個人的角度」說明他與量子電動力學的關係；他想交代奇妙的「費曼圖」究竟是怎麼發明的。在文章的最後，他特別強調多元化思考的意義。他說：「如果每個學生只會跟從同一個風潮的角度去看待電動力學或場論，那麼為了理解強交互作用而提出的假設，其種類就受到限制。這樣也許是對的，因為真理的確可能出現在流行的方向上，但是萬一真理是在另一個方向、一個不時髦的場論方向，那誰會去找到它呢？這個人要能夠犧牲自己，願意從一個獨特的、不尋常的觀點去看待量子電動力學，他甚至可能得自己去發明出這個觀點。我說他得犧牲自己，因為他非常可能一無所得，因為真理可能在另一個方向，也許正是流行的方向。」粒子理論的發展應證了費曼這段話，他的「這個人」其實是許多人，其中之一就是威爾森，他們都願意去聽一聽另一種鼓聲、「犧牲自己」、走不一樣的路。

2001
07/18

29. 贏過他們

　　科學研究的競爭非常激烈，搶先別人一步比什麼都重要。所以做研究要快，發表論文也要快，免得好不容易自己有了重要的突破，卻發現別人捷足先登，只有懊惱不已。研究過程操之在己，如果慢了怨不得別人。但是論文從投稿到發表，很多因素操之在人，快慢不一定由得了自己。運氣不好，稿子就可能耽擱在審稿人手裡，不見天日好一陣子。審核完，還要依序排隊等版面刊登，也可能拖上一陣子。所以科學家在把論文投到期刊的同時，經常也把影印本寄送給同行。

　　這種還沒正式發表的論文影本就叫做「預印本」(preprint)。預印本可以看成「首先（或獨立）發現」的證明。因此在第一線研究的科學家只讀預印本，因為那才是剛出爐的研究。隔了好幾個月後才正式出版的論文已經冷掉了，也就不那麼重要。當然也有科學家覺得，預印本的「法律地位」比不上正式的論文；送出預印本反而可能讓別人有偷取自己成果的機會。因為不同學科裡，抄襲難易程度不同，所以預印本受歡迎的情況也不一樣。

　　早年科學家僅私下把預印本寄送給少數同行。到了 1960、1970 年代，在某些領域（例如高能物理），幾乎所有的研究單位都會公開且定期地寄出預印本給同儕機構，研究人員也常會收到請求寄送預印本的明信片。熱門的預印本常得要送出數百甚至上千份，對於研

究單位也是不小的經濟負擔。

　　1991 年，理論物理學家金斯帕 (P. Ginsparg, 1955-) 在美國洛斯阿拉摩斯國家實驗室設立了一個電腦網站，讓高能物理學家可以把論文的電腦文字檔送到那裡，任何人就可以利用網際網路去那個網站讀取文章。用網路傳送文章當然比郵寄快又省錢，而且可以無限次讀取。要搜尋某一篇預印本，也很方便。如果預印本裡有錯誤，再補送上修訂版，也很容易。可以說在網路世界中，預印本的功能得以徹底發揮。很快地，除了高能物理，其他領域，如凝體物理、重力物理、非線性物理等也相繼跟進。後來數學、電腦科學也進來了。教育的、歷史的文章在網站中也有了一席之地。今天金斯帕管理的網站已有數十萬篇科學文章，是世界上最有價值的網路資料庫之一。

　　很多科學家到了辦公室，第一件事就是打開電腦，進入網址是 xxx.lanl.gov 的預印本資料庫，看一看昨天又有什麼新的文章出現。看到有意思的文章，就把它下載印出來，好仔細讀一讀。我自己就是這樣。因為幾乎所有的重要文章預印本都會上網，所以我已沒有什麼需要去查閱近年的紙本（及正式的網路）期刊。

　　我 曾 在 網 上 看 到 一 篇 文 章 〈數 學 與 物 理〉 (arXiv:hep-th/0107079)，作者是西班牙物理學家拉巴斯提達 (J. Labastida)，這篇文章在回顧近幾年來拓樸量子場論的進展。這個學問以量子場論為工具來處理拓樸學裡的難題，是當前數學與物理最熱門的交會點之一。拉巴斯提達將本文獻給他的老師英度潤 (F. Ynduráin, 1946-)。這位先生教導學生永遠要找重要的問題下手，不管「它們是如何困難或時髦」。我看到這一句話時，心頭一震，這是多麼內行

的話。一般人會說，只要我們認定一個題目是重要的，即使它一點
也不時髦，都值得我們全力投入。這話雖然沒錯，但事實上，今天
要找到一個沒有人注意的重要問題，機會非常小。好的問題多半已
有很多人在後頭追逐了。所以重要的問題幾乎都是時髦的問題，競
爭壓力大的不得了。英度潤的意思就是年輕人不能夠躲避競爭，要
迎向壓力。

　　英度潤的教誨讓我想起二十世紀理論物理大師之一——許溫
格。許溫格與費曼同年，二人都是紐約猶太人，也都是因為量子電
動力學的工作獲諾貝爾獎。在 60 年代，許溫格對理論物理的發展方
向看法與當時主流意見不同。許溫格頗覺失意，便從哈佛大學「自
我放逐」到加州大學洛杉磯分校。他的心情記錄在他出版的三本場
論巨著《粒子、源、與場》(*Particles, Sources, and Fields*) 首頁上：
「如 果 你 無 法 認 同 他 們 ， 就 贏 過 他 們 (If you can't join'em,
beat'em)。」 許溫格這句話是刻意把人們常說的一句話——「你如
果無法打敗他們，就加入他們」顛倒過來，頗見英雄豪氣。

　　雖然英度潤的建議比較適合一般科學工作者，但我還是要把許
溫格的壯言放在心裡，以為另一種激勵。

30. 多就是不一樣

「如果發生了大災難，使得一切的科學知識都將銷毀，我們只能留下一句話給後代的生物，用最少的字卻可以包容最多訊息的那一句話是什麼呢？」拋出這個問題的是費曼，場合是 1961 年加州理工學院大一普通物理學第一堂課。（這一堂課的錄音謄本，整理後就是《費曼物理學講義》第一冊第一章。）聽到這樣直截了當又生動的問法，學生很難不急切著想要知道答案。

而費曼的答案是什麼呢？他認為應該是：「所有的東西都是由原子構成的——原子是不停地在運動的小粒子，當它們分開遠一點時，彼此間會有相吸力，但非常靠近時卻又互相排斥。」他說只要用上「一點點想像與思考」，我們就可以從上面這句話推知「非常多」關於世界的知識。

我相信很多科學家，尤其是物理學家，會認同費曼的答案。把「原子論」當成物質科學的核心概念是很恰當的。我自己在科學通識課程要對學生解釋「何為物質」時，就會以銅為例：它是由大小約只有一億分之一公分的銅原子一個一個排列而成。學生會追問那麼原子又是什麼東西呢？答案是原子有一個非常小而帶正電的核心，稱為原子核，核外有帶負電的電子環繞，電子是沒有大小的。如果再追問原子核內有什麼？一般而言，裏頭有質子與中子，大小只有原子大小的十萬分之一而已。最後我會告訴學生，現在已知質子與

中子都是由更小的各種夸克 (quark) 組成。再追問下去，是否有更小的東西組成夸克？就沒有人知道了。我們已到達科學知識的邊緣。

為了要瞭解物質是什麼，科學家採用了拆解的手段，因而知道了原子、電子、原子核、質子、夸克的存在。研究這些不同層級物質的學問也分化為不同的學門，如原子物理學、原子核物理學，與研究夸克的基本粒子物理學等等。上一層學門（例如原子核物理）所使用的方程式，其中有些參數，其大小與意義，只有在下一層學門（如基本粒子物理學）中才能找到解釋。從比較大的角度看，分子生物學與化學之間、化學與物理學之間也有類似的上下層學門的關係。所以不同的科學學科合起來就構成一個大體系，在最底層的就是基本粒子物理學。

把物質的奧祕歸根為基本粒子之間交互作用的表現，這一種看法屬於哲學上的「化約論」(reductionism)。這樣的化約觀點容易引起不必要的偏見，認為只有基本粒子的研究才能發現新定律（方程式）、才是真正的「純」研究，其他的研究只是在找方程式的解，只能算是「應用」性質而已。安德森是二十世紀下半葉凝態理論大將（凝態物理學研究的對象，大致講就是多粒子系統），他看不慣一些趾高氣揚的粒子物理學家，不斷地宣揚狹隘極端的化約論，所以於1972 年，在《科學》期刊發表了一篇名為〈多就是不一樣〉(*"More Is Different"*) 的文章，強調每一學科都有其自主性，都有不可化約的部分。安德森說，很多的粒子聚在一起即可能呈現出單一（或少數）個粒子所沒有的性質。一個簡單的例子可以用來說明這個觀念：一個銅原子是不會導電的，因為電子被原子核拉住了，但含有非常多（例如十億個十億）銅原子的一條銅絲卻能導電。也就是說，全

體不能僅僅看成是個體的結合而已。近代物理中一個非常重要的觀念是「自發對稱破壞」(spontaneous symmetry breakdown)。它出現在超流現象、超導現象與磁化現象裡。只有粒子數目很大時，這個觀念才能成立，因此它是一個在基本粒子研究中得不到的新原理。所以安德森才會說「多就是不一樣」。

安德森的文章在今天已成為一篇經典。它提醒我們在讚揚「原子論」的成就之時，也不要忘記它的局限。以銅來說，我們固然要理解銅原子的性質才可能全面地瞭解銅這個物質，不過也不能忘記有些重要的性質，只有在很多個銅原子聚合之後才會存在。

其實化約與反化約之爭可以存在於任何兩個有上下層級關係的學門之間。比如說，有些演化生物學家看待分子生物學家就像安德森看待粒子物理學家，覺得他們太傲慢了。生物學者威爾森在他的著作《知識大融通》(Consilience) 中倒是替化約論講話。他說：「化約是科學活動中主要與不可缺少的一環。」不過科學家不僅在做「拆解與分析」而已，「整合」(synthesis) 也是他們在做的事。威爾森說，如果眼中只看到事物的複雜 (complexity) 而沒有分析與化約，那只是藝術。喜愛複雜也兼顧化約，才是科學。

安德森的論點可以說就是主張「向上整合」有其自主性，與「向下化約」是獨立的活動。透過化約與整合的交互為用，自然科學大致上已融合為一體。不過威爾森有更大的抱負，他相信生物學不僅向下能與物質科學融合，也能向上與社會科學、甚至與宗教和藝術融合為一。社會人文學者對於威爾森的「遠見」還是相當懷疑。他們以為自然與人文有本質上的差異，沒有融通的可能。是這樣嗎？這些極高層次的爭論，還是頗有意思的。

2001
07/04

31. 奇異之美

　　順著化約的觀點走下去，所看到的世界是一個基本粒子的世界。自然界的一切現象拆解到最後，都可以看成僅是基本粒子相互結合與轉換的過程。以電子這個一般人最熟悉的基本粒子為例：它有固定的質量與電荷、可以吸收或放出另一個基本粒子——光子。至目前為止，我們還量不出電子的大小，所以可以暫時把它當作是一個沒有大小的點粒子。光子則是不帶電的中性粒子，電磁波就是由光子構成的。我們知道兩個電子會互相排斥，這相斥的電磁力可以看成是由於兩個電子彼此不斷地吸收（放出）由對方放出（吸收）的光子。也就是說，電子間的電磁交互作用來自於它們不停地交換光子。電子除了吸收或放出光子以外，還可以放出一個 W 粒子而轉換成微中子。所謂的弱交互作用就是由這一類釋放（吸收）W 粒子的過程組成起來的。微中子與 W 粒子是一般人不熟悉的基本粒子，在它們之外，基本粒子還有其他數十種類型。其中所謂的夸克可能是大家比較有機會聽過的粒子。

　　夸克也分成好幾類，如上 (up) 夸克、下 (down) 夸克、奇 (strange) 夸克、魅 (charm) 夸克等等；原子核中的質子就是由兩個上夸克與一個下夸克所組成的。帶電的夸克除了可以放出或吸收光子之外，也可以吸收膠子 (gluon)。夸克由於交換膠子而能緊密地黏在一起，如兩個下夸克與一個上夸克就會黏成中子。1950、60 年代，

實驗學家利用加速器發現了一大堆粒子，現在已知這些粒子都是由更基本的夸克黏組出來的。約略地講，自然界的「物質」皆是由夸克、電子、微中子等基本粒子組成的，而物質間會有電磁力、弱力、強力、重力是因為它們交換光子、W 粒子、膠子、重力子等基本粒子。

　　基本粒子世界的故事再講下去就會過於瑣碎複雜，不要說是普通人，就算是一般科學家也不會想去理解太多的細節。不過，把自然界千變萬化的物理現象歸結為很有限的一些基本粒子和其之間交互作用的表現，算是一項了不起的成就。基本粒子的研究在 1970 年代達到高峰。學者整合了 50、60 年代的研究成果，確立了非常成功的「標準模型」(Standard Model)。到今天，標準模型的理論預測也都得到證實。在這項成就中能夠插上一腳的物理學家，都是受人羨慕的英雄（也常有機會去瑞典一趟領個獎）。在這些英雄之中，又有位人物特別突出，就是葛爾曼。他不折不扣是個神童，18 歲就從耶魯大學畢業、21 歲從麻省理工學院 (MIT) 取得物理博士學位。

　　葛爾曼可以說是二十世紀的門德列夫 (D. Mendeleev, 1834 - 1907)。門氏提出週期表，把複雜的化學元素理出了頭緒。葛爾曼則用數學裡的群論 (group theory) 分析粒子性質的規律，將粒子一一歸位，也從而推敲出夸克的存在。費曼曾說過粒子物理中有趣的點子都來自葛爾曼。費、葛兩人是加州理工學院的同事，既合作又競爭，也都對「最聰明的物理學家」這個頭銜感興趣。費曼天才洋溢，又會講故事，人氣高居不下。葛爾曼（及其他自認不輸費曼的物理學家）心裡難免有些不平。葛爾曼能講好幾種語言，也不吝於賣弄他淵博的歷史、考古、文化知識。與費曼鬥智起來，有時還略居上風。

　　過去十年間，市面上已有許多本費曼的傳記出現，都很受歡迎。有本事能夠和費曼一較上下，也有不平凡一生的葛爾曼終於也由名記者／作家喬治‧強生 (G. Johnson, 1952-) 在 1999 年出版了一本他的傳記。一般的評語是此書頗能掌握葛爾曼自恃傲人的脾氣。強生將書取名為《奇異之美》(*Strange Beauty*)，有些深意。「奇異數」(strangeness) 是由葛爾曼首先在 50 年代提出的、用來分類粒子的重要概念，是一項非常重要的突破。它是一種新的量子數（量子數之於基本粒子，就如同身分證之於人們），帶有奇異數的夸克就是前面提過的奇夸克。後來人們陸續發現了類似的量子數，例如魅 (charm)、頂 (top)、底 (bottom)（也稱美 (beauty)）。在書的一開始，強生就寫出了曾被博學的葛爾曼引用、培根的一句名言：「至上的美總有些不可思議的成分在內。」(There is no excellent beauty that has not some strangeness in the proportion.) 沒有太多物理學者能有葛爾曼的文化涵養，也沒能夠像他一樣在適當的時機展現出這個涵養。夸克這一詞就是葛取自喬伊斯 (J. Joyce, 1882-1941) 的小說中用語，夠酷。葛爾曼 60 歲生日慶祝會上，有各個領域的重量級學者出席，有人坦言還好他沒有在年輕時就遇見葛爾曼，否則自信心就會打散掉了。

　　《奇異之美》對於葛爾曼自加州理工學院退休後的作為也著墨不少。現在葛爾曼多半待在私立的聖塔菲研究所 (Santa Fe Institute)。成立這個研究所，他貢獻不少。這裡的研究方向環繞在「複雜」(complexity) 這個主題上；只要是複雜的系統，如生物組織、經濟、社會、生態，都包括在內。這些皆是反化約方向的研究。葛爾曼自己在 1994 年出版了一本頗受矚目的書──《夸克與捷豹》(*Quark and Jaguar*)。夸克與捷豹分別是單純與複雜的象徵。他想要搭起單純與複雜這兩個大自然面相的橋樑。我想葛爾曼有意告訴我們,他不只是會向下化約而已,其實是一位真正的通才。

32. 微中子

　　美國當代名作家約翰‧尤普戴克 (J. Updike, 1932-2009) 有一首寫於 1960 年的詩，名為 "Cosmic Gall"，其內容在描述微中子 (neutrino)，一種一般人大約從來沒有聽說過的基本粒子。詩名如果直譯，應為〈宇宙膽汁〉，相當怪異的名字。查字典能夠找到，gall 的解釋之一是「水彩畫用的透明液體（取自雄牛的膽汁）」，所以我猜尤普戴克這首詩名字的意思其實為「宇宙中的透明物」。這樣的解釋也會與微中子的物理性質相符合。讓我翻譯（純然直譯，不講押韻）詩的頭幾句如下：「微中子，它們非常小。沒有電荷也沒有質量。也不交互作用。對它們而言，地球只是一顆傻球。輕易地就穿過。」我接觸詩的經驗極少，不過可以猜測用微中子（甚或基本粒子）為詩的主題，〈宇宙膽汁〉是絕無僅有的一首。

　　微中子的身世頗為有趣。故事起於 1930 年，那時物理學家研究原子核的貝他衰變 (beta decay) 過程，也就是某原子核甲會自動放出一個電子而變成另一個原子核乙，以符號表示就是「甲→乙＋電子」。又由於原子核是由許多中子與質子所組成的，從微觀的角度看，貝他衰變就是一個中子轉變成一個質子，同時釋放出一個電子。如果我們假設物體總能量在衰變前後相同，而且衰變後產生物僅有原子核乙與電子兩個粒子，就可以推算出電子應該帶有固定的能量。可是物理學家仔細地測量了衰變過程所放出電子的能量，發現其能

量並不固定。這意味著什麼呢？原子物理大師波爾相信，這表示「能量守恆」這一個物理基本原理錯了。但是包立則覺得除非別無他法，否則不應該輕易放棄能量守恆原則。因此包立提出了假設，揣測原子核在貝他衰變後，除了放出電子，還同時釋放出一個質量很小又不帶電的中性粒子，這個粒子與其他粒子的交互作用極端微弱，很難偵測。因為這個沒有被偵測到的粒子會帶走能量，所以表面上看能量才會減少了，好像不是一個守恆量。包立是一位愛惜自己羽毛的人，他不願意正式地把這個點子寫成文章發表。因為在當時，假設新粒子的存在以便解釋實驗結果的想法還是太新穎的觀點，對錯難料。包立只敢在寫給朋友的明信片中提到這個點子。

　　其他物理學家就沒有包立的「羽毛」好顧慮，例如費米於 1933 年提出現代的貝他衰變理論，結合了當時新發現的中子 (neutron) 與包立所假設的粒子（費米將之稱為微中子，意思就是「小的中性粒子」），寫下基本貝他衰變過程：中子→質子＋電子＋微中子。（精準地講，這裡的微中子依據後來的分類應該是「反微中子」。）包立所指出的微中子特性已經含括於理論之中。費米這個貝他衰變理論非常成功，因此微中子的身分與奇特的性質暫時得到認可，可是很多人還是希望能夠直接觀察到微中子。一直要等到 1956 年，美國物理學家瑞內斯 (F. Reines, 1918-1998) 與寇萬 (C. Cowan, 1919-1974) 方才頭一次偵測到微中子。他們將偵測器放置於核子反應器旁，以便得到極高的微中子通量，彌補微中子幾乎不與其他物質交互作用的「缺憾」，才能捕捉到少數的微中子。當時瑞內斯還特地送發電報給包立，告訴他終於直接看到微中子的好消息。

　　依據費米理論，大多數微中子能夠自由地穿越地球，不被阻撓。其實任何時刻，都有無數的微中子通過我們身體，而我們毫無所覺。大約就是這個「事實」，引發了尤普戴克的詩興。〈宇宙膽汁〉寫於 1960 年，離微中子被證實才四年，可見尤普戴克頗跟得上時髦。與此相較，讓我們看詩人華特·惠特曼 (W. Whitman, 1819-1892) 的一首作品〈當我聽到那博學的天文學家〉 (*"When I Heard the Learn'd Astronomer"*)（收錄於彭鏡禧與夏燕生所譯著的《好詩大家讀》），其中表達了對於天文學家談了一大堆「證明、數字、圖表」的不耐。惠特曼寧願在「神祕濕潤的夜氣裡」，一個人於「純然的寂靜中仰望星辰」。（見《好詩大家讀》）大多數人應該很容易接受惠特曼這種非常傳統的「感性」訴求，不過尤普戴克很貼近「科學事實」的描述也有其魅力，因為事實有時候反而會給我們非常魔幻的感覺。

　　在尤普戴克寫詩之時，大多數物理學家的確認為微中子不具有質量，因為一來實驗沒能發現微中子質量，二來最簡單且合用的理論不需要假設微中子帶有質量。所以當尤普戴克寫說「微中子，它們非常小。沒有電荷也沒有質量」，這於當時與爾後四十年來講是正確的。但是今年夏天，實驗物理學家研究太陽微中子，也就是因為太陽中核反應所產生的微中子，得到明確的數據可以證明微中子其實帶有很小的質量。《科學》雜誌把微中子質量列為 2001 年科學最重要的發現之一。

2002
01/16

33. 玄之又玄

　　弦論 (string theory) 是這十幾年來席捲理論物理的一場大風暴，它的威力之強與性質之奇都是前所未見的。相信弦論的人將其視為「最終理論」，認定它涵蓋了所有基本物理現象。有這種大氣魄的理論不多，其中多數已經「陣亡」。只有弦論生命力強韌，不僅生存下來，還成為學術的主流。今日當紅的高能理論物理學家大多是弦論專家，盼望成為下一個愛因斯坦的學生也一窩蜂地擁抱弦論。在學術市場上，傑出的年輕弦論學者十分搶手。只有在弦論這個領域，才會見到拿了博士學位僅兩三年的年輕人，就能當上哈佛、加州理工學院的正教授。

　　弦論唯一的弱點在於至今還沒有任何實驗證據的支持。頗違逆傳統地，這個理應致命的弱點卻沒有妨礙弦論的霸業。要瞭解如此奇特的現象得從弦論的起源講起。一個標準的故事是這樣的：二十世紀物理有兩大基石──量子力學和相對論，前者處理微觀世界的現象，從分子、原子以下到最小的基本粒子，其性質與行為，都可以用量子力學方程式精準的描述。在這個架構下，基本粒子是沒有大小的點粒子。至目前止，無數的理論預測與實驗結果都還沒有相互牴觸。因為這些微小粒子間的相互影響主要是經由電磁作用、弱作用或強作用這三種交互作用，我們可以很有信心地說，量子力學架構全然足以應付自然界中重力以外的三種基本交互作用。

　　至於重力，就得依靠愛因斯坦的廣義相對論。基本上廣義相對論是在回答時空（依據狹義相對論，時間與空間並不相互獨立，二者應該結合成為不能分割的「時空」）的性質為何這個問題。愛因斯坦有個極富創意的答案：時空是動態的，會受到物質的影響而變動（彎曲）。用術語講，物質決定了彎曲時空的曲率。愛因斯坦方程式就在指明物質分布和時空曲率之間的關係。大致上講，質量密度大的地方，曲率也就大。一旦知道時空曲率，位處時空中的物體其運動軌跡也就可以計算出來。也就是說，物體運動得遵循曲率的指示。以地球繞太陽來說，太陽的質量決定它附近時空的曲率，地球受此曲率的影響就會以近乎橢圓形的軌道繞日運行。曲率如果不大，愛因斯坦理論與古典牛頓重力論的結果大致相同；兩者若有差異，觀測數據都站在廣義相對論這一邊。尤其是當曲率很大時，牛頓理論就完全不適用。廣義相對論的一項重要預測就是時空曲率的振動會造成重力波的存在，牛頓理論就沒有這項概念。

　　至目前為止，自然界中觀察到的物理現象，歸根結柢都可以分別收納到量子力學或廣義相對論的架構裡。微觀粒子質量小，可以忽略重力／曲率效應。而質量大，重力／曲率效應也大的物體，都是巨觀物體，就可以忽略量子效應。因此以量子力學和廣義相對論為理論架構的物理學，暫時可以遊刃有餘。我們可以這麼說，二十世紀物理的成就在於能夠創造出這麼一個局面。可是這一番榮景背後隱藏了危機，因為量子力學和廣義相對論有深刻的矛盾之處。簡略地講，廣義相對論違反了量子力學中的「測不準原理」，所以我們得要修理廣義相對論以適應量子力學，或者反過來修理量子力學，或兩者都得修理。大致上，多數人相信必然得有一門稱為量子重力

論的學問，能夠完美地包容量子力學和廣義相對論。尋找量子重力論極端困難，主因之一是欠缺實驗的引導，因為我們沒有又小又重的粒子可以拿來實驗。

最被看好可以奪取量子重力論頭銜的理論就是弦論，其他競爭者都有更為明顯的缺點。弦論的基本假設是：一切基本粒子其實都是極小一段，類似弦一樣的物體。這一段弦可以是封閉的，也可以是開放的。弦有各式各樣的振動模式，每一種模式就代表一種粒子。尤其重要的是，可以形成重力波的重力子也是振動模式之一。一旦我們將量子力學法則施用到弦上頭，就會得到包含重力子的量子論。進一步的數學推導可以證明愛因斯坦理論是弦論的一部分，其他三種基本交互作用也可以很容易地融入弦論裡。

由於沒有實驗可以證明，弦論的野心就是要把宇宙的一切給算出來，才能令人信服。偏偏弦論就有一些特色讓人不知如何對待，特別是時空維度必須是十，也就是說有九維空間和一維時間。如果不是如此，數學矛盾就會出現，弦論就沒有存在的餘地。一般認為這多出來的六維空間非常之小，平常尺度的實驗偵測不出這些多出來的維度。不過弦論也還沒成熟到能夠講清楚為什麼只有六維空間會縮小，它們具體的模樣又是什麼。總的來說，弦論還有很多難關要過。過去幾年的發展顯示，它的確是一個沒有矛盾的量子重力論，這已經是難能可貴的成就，也是它熱翻天的原因，但究竟是不是這個宇宙的量子重力論就還不得而知了。不少人相信正確的量子重力論一定非常美，只要一看見，就知道它是對的。我自己難免有時懷疑弦論終究還不夠瘋狂，所以不夠美，所以還不是正道。

　　幾年前，美國哥倫比亞大學教授布萊恩·葛林 (B. Greene, 1963-) 寫了一本《優雅的宇宙》(*The Elegant Universe*)，對大眾宣揚弦論，居然成為暢銷書，也獲選為科普好書。美國公共電視臺也即將推出以《優雅的宇宙》為本、介紹弦論的專輯。我還不甚瞭解，這些玄之又玄的理論對一般人的魅力到底在哪裡。

2002
02/20

34. 天　才

　　談到當今席捲理論物理的弦論，不能不提弦論教主維騰，以及數學與物理兩者間的微妙關係。歷史上在理論物理和數學兩個領域皆為頂級高手的例子極少，現任普林斯頓高等研究院物理教授的維騰是一個。如果要問在他之前的例子是誰，可能得回溯至十七世紀的牛頓了。研習過一點物理的人都知道物理離不開數學，想念好物理，數學基礎不能差，所以不難瞭解理論物理高手的數學功夫都還不錯。但是維騰的數學功力屬於另一個層次，他不僅能夠解決純數學裡的難題，還能開創出嶄新且重要的數學領域。這種成就需要獨特的數學眼力，這是連愛因斯坦這樣的物理大師都自認欠缺的。

　　愛因斯坦在其自傳裡說他的數學直覺不夠強，無法區分什麼是真正重要的數學問題、什麼僅僅是一般性的問題而已。我相信這不是客套話，因為就我所知，愛因斯坦一輩子沒有寫過純數學論文。當然，愛因斯坦的廣義相對論也引發出不少極美的數學，不過對愛因斯坦來說，那僅是副產品，不是他最關心的東西，所以我們一般不把愛因斯坦看成是數學家。然而維騰的純數學論文可是好到足以讓他在 1990 年拿到費爾茲獎，這可是俗稱數學諾貝爾獎的大獎。維騰是費爾茲獎設獎六十餘年至今，唯一獲獎的物理教授，其他得獎者當然都是專業數學家。

　　維騰出生於 1951 年，父親是美國辛辛那堤大學理論物理教授，

專長是廣義相對論。頗為奇怪地，維騰念大學時並非主修物理或數學，而是歷史。他當時的目標是當政治記者，曾在《新共和》(*New Republic*)、《國家》(*Nation*) 等雜誌發表文章。據說後來他覺得自己沒有當記者所需要的「常識」，才轉而進普林斯頓大學念研究所，專攻物理。我聽他那時候的朋友說，維騰一開始還得補修許多大學課程，如電磁學等。但是每個人都看得出他不是平凡人物，因為他雖然起步晚，卻馬上趕過別人，一下子就到了知識前沿，可以自己找題目做研究。他的博士論文主題是當時熱門的粒子強交互作用現象學，指導教授則是於建立強交互作用理論有大功勞的高能物理學家大衛‧格羅斯 (D. Gross, 1941－　)。拿到博士學位後，維騰到哈佛大學做博士後研究，四年後就回普林斯頓大學任物理正教授，跳過了助理教授和副教授這兩級。他那時期的研究方向集中在量子場論，主題包括粒子現象學、超對稱 (supersymmetry)、磁單極、瞬子 (instanton)、孤立子 (soliton) 等。維騰出道之時，粒子物理標準模型已建立，規範場論革命已經完成，照講他遇上了一個不易有驚人表現的高原期。可是他依然能獨樹一幟，拿出生猛有力的點子，常出人意料之外地在一些老題材裡尋出寶來，罕見地具有個人風格，這種本事是找不到人教的。

　　總之，量子場論的數學結構被他摸得一清二楚，所以他可以用最精準的數學語言與定理為研究場論的工具，發人所未見。反過來，維騰也拿量子場論當工具，研究起純數學問題。他利用場論技巧證明重要的數學定理，一來證明方法簡明扼要，直入定理核心，遠強過先前冗長的證明；二來也更易推廣原先的定理，得到本來想像不到的新結果。例如他發明了「拓樸場論」(topological field theory)，把

一些最新最奇妙的數學，如四維流形拓樸、「結」(knot) 理論，都一一收納到「拓樸場論」架構裡，讓數學家見識了場論的威力，他也因此拿到費爾茲獎。因為維騰非數學科班出身，難免令人想知道他的淵博數學知識到底是怎麼學來的？他曾謙虛地說是跟許多一流數學家如阿提亞 (M. Atiyah, 1929-2019)、辛格 (I. Singer, 1924-2021)、波特 (R. Bott, 1923-2005) 等討教來的。不過那應是後來的事，我相信來自他科學家庭的影響也會是重要因素。當然最關鍵的仍是維騰那超凡的敏捷思考與神祕又令人羨慕的數學（與物理）直覺。

　　過去近二十年，維騰下工夫最深的主題是弦論。很多人看好這門學問就是正確的量子重力論。這方面的研究非常之難，因為重力的量子效應在一般尺度非常微弱，目前還觀測不到，所以探討這個題目完全得不到實驗的指引，研究者只好百分之百依賴數學。弦論使用的數學非常艱深，有時甚至還需要創造新數學。這是物理從未碰到的狀況，能否成功尚在未定之天。然而數學剛好是維騰所長，所以弦論簡直就是老天送給他的問題。他也不負眾望，每在關鍵時刻硬是能開出一條路來，算是有領導者風範。因此幾乎他的每篇論文都能引出眾多追隨者，這種風光起碼是空前的。根據統計，維騰的文章至今共被引用了五萬多次，是物理界所有領域的第一名，遙遙領先其他人。又因為弦論也開啟了新的數學方向，維騰在數學界的影響恐怕更大；有人就是因為證明了維騰的數學推測而獲費爾茲獎。

　　「維騰旋風」是過去四分之一世紀物理與數學的重要事件，已經記錄進很多報導文章與科普書籍。大家都很好奇這股旋風的長久影響會是如何。依目前的形勢看來，維騰的數學地位比物理地位要更穩固一些，未來的變化取決於弦論的最終命運。

　　【2022 後記：「弦論旋風」以及與其相輔相成的「威頓旋風」自 1980 年代初席捲理論物理界至今，已有約 40 年。雖然兩股旋風現今仍依舊可觀，但其影響力和當年盛況相比，已經有明顯落差。主要原因當然是弦論還是未能提出一項有意義、通得過實驗檢驗的預測，所以仍然無從和具體的物理世界產生關聯。例如，如果「大強子對撞機」(LHC) 的實驗，在過去這一、二十年間，可以發現超對稱 (supersymmtery)，那麼以超對稱作為核心概念之一的弦論（超弦理論）當然也就會獲得極強的認可，可惜這種情況並沒有出現。有趣的是，LHC 實驗還沒有找到超對稱這件事，並沒有能夠就此徹底否定弦論，原因是弦論其實並不要求超對稱在目前可及的能量尺度現身。弦論的這種彈性對於很多人來說，是種缺點，但是從反面觀點看，也可說是優點。總之，弦論的原始目標——作為一種統一一切基本作用力的理論，目前還看不到落實的跡象，但是由於它的數學內涵相當豐富，還是吸引了一些人堅持以弦論為研究主題。】

2002
03/20

35. 獨一無二

　　數學家約翰‧納許 (J. Nash, 1928-2015) 傳奇的一生，充滿了不可思議的轉折，完全印證了「真實要比虛構的故事更為離奇」這個說法。一般而言，數學家的生平只有數學家自家人或是數學史家才會感興趣，但是納許的故事太夢幻，寫成書拍成電影，可以大賣。第一位抓住機會的是《紐約時報》經濟記者娜薩 (S. Nasar)，她在1998 年出版了納許的傳記，名為《美麗心靈》(*A Beautiful Mind*，臺灣譯為《美麗境界》)，一五一十、毫不保留地寫出真實的納許。娜薩訪問了數百位納許的朋友、同事、親戚，挖出非常私密的材料，讀起來非常震撼，卻也引得一位書評者質疑當事人的隱私被侵犯了。前年名導演朗‧霍華德 (R. Howard) 將《美麗境界》拍成電影，頗受歡迎。

　　納許出生於美國西維吉尼亞州，父親是電子工程師。他 17 歲贏得西屋獎學金，進入卡內基理工學院就讀。三年後，進入普林斯頓大學數學系攻讀博士。 1950 年，以不合作賽局 (non-cooperative game) 理論獲博士學位，接下來到麻省理工學院任教。30 歲前後，開始有精神分裂症狀　（他兒子後來也患有此症），多次進出精神病院，學術事業就此中斷。爾後一、二十年對於納許及其家人來說，是段非常痛苦的歲月。他太太艾莉西亞 (Alicia Nash, 1933-2015) 不得已和他離婚，後來卻又因納許無處可去而收容他。漸漸地，奇蹟發生，幻覺與妄想消退，到 1990 年代初，納許已經可以正常地與人

溝通。1994年，納許與另外二位經濟學家，因為不合作賽局理論在經濟學上的應用而同獲諾貝爾經濟學獎。納許能夠得獎，幕後有很多折衝。反對者有許多擔憂：納許的病、他是一位數學家、他早就對賽局理論失去興趣等等。納許的擁護者最後還是靠著些微過半的票數才闖關成功。

　　儘管納許的博士論文為他爭來諾貝爾榮耀，但內行的數學家都會說，這項工作只是既有方法的巧妙應用，從純數學角度言，遠不如納許後來的其他成就來得重要。例如，納許的「嵌入定理」(embedding theorem) 是公認二十世紀數學分析最重要的成就之一──他證明了任何的黎曼流形 (Riemannian manifold) 都可以嵌入高維的歐氏空間 (Euclidean space) 中。當納許宣稱他能夠證明此定理時，不少數學家還不肯相信。為了證明他的定理，納許必須發明嶄新的技巧，這些技巧可以應用在其他難題上。他展現的創意，讓高手甘拜下風。名幾何學家葛羅莫夫 (M. Gromov, 1943-) 就說，納許是「二十世紀後半葉最出色的數學家」。分析大師尼倫伯格 (L. Nirenberg, 1925-2020) 也說，納許是唯一他所知道的天才。

　　納許喜歡挑戰其他人不敢碰觸的問題，以證明自己的優越。只要是最困難的問題，不論什麼領域他都願意投入。他信心十足，毫無所畏。依《美麗境界》所記，納許與同時期歐美眾多一流數學高手交過手，也因此結交了不少英雄相惜的朋友。當他在普林斯頓念書時，還去找過愛因斯坦討論自己關於重力與輻射的想法，雖然最後愛因斯坦給他的建議是多讀一點物理。就他的同僚所見，納許對每件事都有自己很新鮮的想法，他不要跟別人一樣。

　　納許強烈的競爭心讓他成為一位令人討厭的傢伙。基本上，他

沒有一點社交技巧。他如果覺得你在智力上不是他的對手，對你就視若無睹。對許多人來說，納許的傲慢、冷酷難以忍受，但卻也有不少人因為納許的才氣而包容他，甚至崇拜他。納許長相英俊，加上天才的頭腦，令艾莉西亞幾乎是一見鍾情。在納許與艾莉西亞的關係中，艾莉西亞是主動的一方。納許在結交艾莉西亞之前，其實已經有個大他五歲的祕密情婦依蓮娜 (Eleanor Stier)，還有個兒子。不過納許完全逃避了該負的責任，無情地拋棄了依蓮娜母子。只有在依蓮娜威脅要把一切抖出來的情況下，才答應負擔兒子的養育費。更複雜的是，《美麗境界》近乎明白地講，納許還有同性戀傾向。一生有這麼多的奇特境遇，在多年疾病折磨之後，納許終竟能有喜劇式的晚年，夠酷。

《美麗境界》中有一段敘述特別引我興趣。納許在 1996 年的世界心理學大會上演講，回顧他當年發病的原因。1957 年夏天，他正絞盡腦汁思考量子力學的問題，以他自己的話說，他「要找一個不同的、更令人滿意的、在「不可觀測的實在」(non-observable reality) 之下的圖像，這正是物理學家所謂的「隱變數理論」。納許認為這項研究誘發了他的精神病，因為他「走過頭了，心理上不穩定」。無論納許對於發病原因的判斷有多少分道理，起碼我知道納許還是突破不了費曼的說法：「沒有人懂量子力學」。儘管如此，他對量子力學的奮力挑戰，不折不扣恰是納許本色。

【2022 後記：納許與尼倫伯格兩人因為數學上的成就，於 2015 年共享了挪威數學大獎——阿貝爾獎。納許與太太艾莉西亞在領獎後，從挪威飛回美國，在機場搭上計程車要回位於紐澤西州的家，在路上車禍雙亡。】

36. 規範對稱

　　「告訴我，為什麼對稱那麼重要？」毛澤東 (1893-1976) 一見到李政道，劈頭就這麼問。李政道相當驚訝這是毛澤東對他提的第一個問題。那時是 1974 年 5 月，文化大革命還未結束。李去見毛是想要談一些重要的事，希望能挽救一點受重創的教育。沒想到毛先出個物理考題給他。所謂的對稱在一般的說法是個靜態的概念，例如上下左右對稱：有上就有下，有左就有右等等。可是毛認為人類社會的演化是動態的，自然也是一樣，所以動力學才是根本，何必談對稱。

　　這個問題要答得好不容易，得有一些功力，不過這當然難不倒李政道。他用一個小示範來回答：他拿起便箋簿，放一支筆在上面，然後將便箋簿傾向毛，筆當然就滾向毛，李再將便箋簿倒向自己，筆就滾回來。如此一來，筆就在毛李之間震盪。李指出，整個過程是動態的，卻有個（來回震盪的）對稱性。因此對稱絕對不僅是靜態的概念而已，而有更廣的涵義，且適用於所有自然現象，小自基本粒子世界，大至宇宙。毛馬上領悟了這個示範的意義。

　　我是在李政道的一本小書 《對稱、不對稱與粒子世界》 (*Symmetries, Asymmetries and the World of Particles*) 的序言中，看到上面這段小故事。毛澤東的問題其實很有深度，值得多談一點。讓我先把他的問題講得更具體一點：物理學家追求的是物質世界的規

律，這些規律通常以方程式來表達。例如牛頓運動方程式、馬克斯威爾電磁場方程式、量子力學中的薛丁格方程式等。我們只要知道了方程式，原則上就能夠瞭解（預測）物質（如地球、人造衛星、棒球、電子、電磁場）隨時間演變的情形。所以從某個觀點而言，主要的問題就是解動力學方程式。至於對稱性的考量，雖然常常可以幫助我們解出方程式，卻似乎是一個附屬的東西，而不是不可或缺的。這樣的觀點在二十世紀初，曾相當普遍。但是後來物理的發展證明這樣的觀點是錯誤的。

對稱的意義，比較精準地講，是物理系統（的行為）在某些轉換（如旋轉、左右互換）之下保持不變。就像李政道所言，對稱是現今物理的核心概念。能認清這一點是二十世紀下半葉物理的重要成就。這項成就是很多發現累積出來的，其中尤其關鍵的一個觀念是楊振寧與密爾斯 (R. Mills, 1927-2002) 提出的 「非阿貝耳規範對稱」(non–Abelian gauge symmetry)。對一般人來說，這幾個名詞非常陌生，瞧不出名堂。我來扼要地解釋一下規範對稱的背景與意義。

歷史上，規範對稱首次出現於馬克斯威爾的電磁場方程式。大致上講，當初規範對稱的確是附屬品：人們是在馬克斯威爾方程式確立了以後，才真切瞭解到在這個理論裡，藏了一個所謂的阿貝耳規範對稱。這個對稱性基本上是在說，同一個物理現象可以有不同的方式（不同的向量位勢場）去描述它。這些不同的向量位勢場之間的轉換就叫做規範變換 (gauge transformation)。這些規範變換形成的集合，在數學上，構成一個所謂的「阿貝耳群」(Abelian group)，所以才把這種對稱叫做阿貝耳規範對稱 。（阿貝耳 (N. Abel, 1802-1829) 是一位早逝的挪威數學天才， 於群論及橢圓函數有開創性的

貢獻。）在量子力學出現之後，馬克斯威爾理論的規範變換恰可以與薛丁格方程式中的波函數相位 (phase) 變換天衣無縫地合併起來，成為摩登的規範對稱變換。

楊振寧與密爾斯在 1954 年發表了一篇文章，將阿貝耳規範變換推廣至非阿貝耳規範變換（將「非」放在阿貝耳之前對於不熟悉數學名詞的人來說，的確有些奇怪；它的意思是，這類變換不構成阿貝耳群，而是構成「非（！）阿貝耳群」）。這篇文章已成為二十世紀經典文章，是極少數能被冠上「優美的」這類形容詞的物理論文。他們發現，如果要求一個理論擁有非阿貝耳規範對稱，就幾乎可以確定該理論的一切，特別是其中交互作用的形式。也就是說，對稱的要求非常嚴厲，可以限制動力學方程式的形式，兩者是分不開的。楊振寧後來用「對稱決定交互作用」(symmetry dictates interaction) 這樣一句話來描述這個情形。愛因斯坦可以說是這樣一個概念的祖師，他那偉大的廣義相對論也是從坐標變換不變性這一個要求出發而發展出來的。我們現在已經知道在重力之外，所有的基本（強、弱、電磁）交互作用遵循規範對稱，它們的理論都是規範理論。從規範對稱的角度看，物理定律非常簡單、漂亮。

現在科學知識累積快速，曾有人倡議大一普通物理學應該從規範對稱講起，這樣才能掌握定律的核心，也才能有效率地傳遞知識。楊振寧認為千萬不可如此，因為規範對稱太抽象，放在第一課，學生只能囫圇吞棗而已，沒有意義。

37. 漸近自由

　　二十多年前，當我找上理論粒子學家鈴木真彥 (Mahiko Suzuki) 教授，問他願不願意收我為博士學生時，他回答說好，但是要我再仔細想一下，是不是真的要走理論粒子物理這條路。他的意思是，這條路不好走，不要草率地決定。我反問他：「如果你能再年輕一次，是否還是會選擇理論粒子物理？」他回答說也許不會再選擇物理，但是如果還是當物理學家，他依然會選同樣的路。其實我在找他之前已經有了篤定的答案，所以對他講還是要當他的學生。於是鈴木教授說，既然物理學家終究要能獨立做研究，那麼晚不如早，最好當研究生時就能獨立，何況老師的想法未必就強過學生。他舉了個例子：當初哈佛研究生波利策 (D. Politzer, 1949-) 向其指導教授寇曼 (S. Coleman, 1937-2007) 表示想計算「楊（振寧）密爾斯規範場論」(Yang-Mills Gauge Field Theory) 的貝他 (β) 函數，但是寇曼卻對波利策說他不會算出什麼有趣的結果；然而波利策還是堅持把貝他函數算了出來，因而發現了「漸近自由」(asymptotic freedom)。我那時已經知道波利策與寇曼的貢獻與地位，所以瞭解鈴木教授想藉此勉勵我獨立研究的意思，或許他已經看出我的性子本來就是這樣。

　　「漸近自由」是強交互作用極為重要的性質，大致的意思是「粒子如果相互愈靠近（漸近），彼此的交互作用就愈弱，終至完全無交

互作用（自由）」；它的發現牽涉到很多人，過程頗具戲劇性，早已寫進一些講述粒子物理進展史的書——如 《第二次創造》 (*The Second Creation*) 與《尋找和諧》(*Looking For the Harmonies*)。我後來讀了這些書及當事人的回憶，才知鈴木教授的例子可能有部分失真——寇曼或許並沒有那麼「看走眼」，說來可能氣度還太大了些。

故事起於葛爾曼在 1964 年提出的夸克模型。物理才子葛爾曼認為，二十世紀中期高能物理實驗所發現的一大堆粒子，是由更小的夸克組成的——例如組成質子的是兩個上夸克與一個下夸克。夸克模型非常成功，可以解釋很多現象，甚至可以預測出後來真的也發現了的新粒子。但是它卻有個「缺陷」——物理學家一直沒法找到一個具體的夸克，所以不少人還是不相信夸克模型，甚至葛爾曼自己也談論起所謂的「數學的夸克」，彷彿沒有把握夸克真的存在。

到了 1960 年代末，美國史坦福線性加速器中心的實驗顯示，質子內部的確有類似夸克的東西，而且它們像是彼此間沒有交互作用的自由粒子。這是非常不可思議的性質——因為一般而言，粒子彼此愈接近，交互作用應該是愈強（更精確地講，描述交互作用強度的耦合參數 (coupling parameter，如電荷) 會隨距離變小而增大，例如我們熟悉的電磁交互作用就是這樣）； 而且如果它們是自由粒子，又為何我們一直不能分離出一個自由的夸克來呢？這個問題讓理論學家傷透腦筋。難道是他們遺漏了某種神祕場論，或是量子場論這數學架構根本就出了差錯？當時除了場論外，還另有一類稱為「S 矩陣」(S-matrix) 的理論也廣為看好是處理強作用的最佳理論。

1972 年底， 出身 「S 矩陣」 陣營的普林斯頓年輕教授葛羅斯（他是「S 矩陣」掌門人丘的學生）決心證明場論不可能解釋史坦

福加速器的實驗、所以不能拿來描述強交互作用。在量子場論架構中，用來瞭解耦合參數與粒子間距離關係的就是所謂的貝他函數。這貝他函數是耦合參數的函數；一旦掌握了它，就可以知道粒子間的交互作用（耦合參數）究竟會隨彼此距離減小而增強（這是一般「正常」的情形），或是會隨距離減小而變弱。那時理論專家已經檢查了「楊－密爾斯規範場論」之外所有的場論，發現它們都是「正常」的。因此葛羅斯只要把剩下的「楊－密爾斯規範場論」也打掉，就能達成他的預設目標。

　　葛羅斯找了研究生威爾切克 (F. Wilczek, 1951－) 一起計算貝他函數。這是相當困難的計算，因為「楊－密爾斯規範場論」比其他場論還來得複雜，所以很容易出錯。兩人在更正了一切的錯誤之後，發現「楊－密爾斯規範場論」竟然是「漸近自由」——夸克愈靠近，彼此的影響愈小；反過來說，當夸克彼此愈遠離，交互作用就愈強，所以會永遠綁在一起，不能成為自由粒子（這種現象稱為「夸克局限」(quark confinement)）。因此「楊－密爾斯規範場論」正好可以用來解釋史坦福加速器的實驗。強交互作用之謎解決了！

　　葛羅斯與威爾切克當然無法攬下全功——哈佛的波利策也獨立（甚至稍早一些）地發現了正確的貝他函數，所以一般把「漸近自由」的發現歸功於葛、威、波三人。其實場論大師寇曼也有功勞——他一方面幫忙發展了三人所用的場論工具，而且在 1972、1973 年間，他恰好從哈佛休假到普林斯頓研究，因而扮演了橋樑與諮詢的角色。波利策在《第二次創造》一書裡說：「我（從波士頓）下到普林斯頓去找我的指導教授寇曼，問他我（想要計算『楊－密爾斯規範場論』的貝他函數）的想法如何，他認為是一個好點子。我問他

有沒有其他人已經算過？他說就他所知沒有，但是我們應問一下葛羅斯，我們就到隔壁問葛羅斯，他說沒有。我稍微和葛羅斯談了一下為什麼計算不會太困難，雖然它過去看起來極為複雜，但是只要用點腦筋，一切就蠻直截了當的。」所以寇曼大約沒有鈴木所說的那麼消極。

　　其實最早在數學上發現「漸近自由」的並非葛、威、波三人。獲得 1999 年諾貝爾物理獎的荷蘭物理學家特胡夫特 (G. 't Hooft, 1946-) 也早已經知道「楊－密爾斯規範場論」的這件性質，但是他由於一來還不清楚它在實驗上的意義，二來還正忙於自己的研究，就沒有急著發表他的發現，後來特胡夫特對此頗感懊惱。另外有兩個俄國人在 1964 年也知道了這個結果，但是也同樣地沒有瞭解其物理意義。一般相信葛、威、波三人遲早要獲得諾貝爾獎❶，會是今年嗎❷？

---

❶葛、威、波等三人終於在 2004 年獲得諾貝爾物理獎。

❷2003 年諾貝爾物理獎頒給阿布里科索夫 (A. Abrikosov, 1928-2017)、金茲堡 (V. Ginzburg, 1916-2009)、雷格特 (A. Leggett, 1938-) 等三人。得獎理由是他們對於「超導體與超流體的理論有先驅貢獻」。

2003
08/13

38. 八分之一

　　科學家之間的較勁，不僅在比誰捷足先登而已。對於高手來說，山的高度也很重要——有些頂峰不是人人爬得上的。藍道 (L. Landau, 1908-1968) 是上世紀俄羅斯天才型的理論物理學家，以全能著稱，對於每個領域都有重要貢獻。他在 1962 年，因為凝態理論而獲諾貝爾物理獎。藍道相當自負，不愛讀科學論文，任何別人的新結果，他都有把握可以自己獨立的推導出來——除了一項，就是二維易辛 (Ising) 鐵磁物理模型的解。他難得地坦承，自己沒有本事推算出這個解。二維易辛模型的確是一座高山，如果沒有人牽著，是爬不上去的，即便是像藍道這種高手也不例外。其實沒有人預期這座山會被征服，然而就在 1944 年，二次大戰期間，翁沙格 (L. Onsager, 1903-1976) 獨自悄悄地攀上了頂峰。

　　易辛模型是德國物理學家冷次 (W. Lenz, 1888-1957) 在 1920 年提出來的，目的是要瞭解鐵磁性物質的相變化 (phase transition)。我們知道鐵磁性物質在高溫時沒有磁性，但是在某個溫度之下就具有磁性，這個特殊的溫度就稱為臨界溫度 (critical temperature)，而這個從無磁性到有磁性的變化就是相變化。類似的相變化在自然界非常多，它們有許多有趣的共同特徵，是很重要的物理現象。為了理解相變化，物理學家根據統計力學原理建構了很多模型，冷次的模型是其中最簡單的一個。

　　1925 年 ， 冷次的學生易辛 (E. Ising, 1900-1998) 解決了這個其實應該稱為冷次模型的一維情形。易辛發現這個一維模型不會展現相變化，也就是說，只要溫度不為零，磁化現象就不會出現，或者說臨界溫度為零。易辛對於這個結果很失望，但是他沒有能力解決難度高太多的二維的情形，而且又因為納粹的迫害，就放棄了研究生涯。「易辛模型」這名稱首先出現於名物理學者派爾斯於 1936 年發表的一篇論文，他在此論文中用了個很聰明的辦法，證明出二維易辛模型在低溫時一定會有自發磁性現象，所以二維易辛模型的確可以用來研究相變化。但是派爾斯的辦法不能提供相變化的細節，當時沒人知道下一步該怎麼走——直到翁沙格 1944 年完全出人意料之外的曠世之作。

　　翁沙格是美籍挪威人，1928 年移民美國，起初在約翰·霍普金斯 (Johns Hopkins) 大學當研究助理，輾轉了幾個地方之後，落腳於耶魯 (Yale) 大學的史特林化學實驗室。雖然翁沙格最出色、名氣最大的工作是提出二維易辛模型的解，但以出身論，翁沙格是化學家，而他最高的世俗榮耀是 1968 年的諾貝爾化學獎 ， 得獎作品是關於「不可逆過程的倒易關係」(reciprocal relation)。翁沙格不善言詞，演講時大半是面向黑板、背向聽眾，沒有人聽得懂他在講什麼。朋友說「在私下討論時，比較容易和他溝通，只要你勇敢地不斷問他你不懂的地方，他就會慢慢地降低到你的程度。」

　　翁沙格易辛模型的論文發表之後，看得懂的人沒幾個，但是大家都知道這是極重要的突破，連當時遠在中國昆明唸西南聯大碩士班的楊振寧也感受到震撼。他後來為翁沙格論文集寫了一篇回憶文章，裡頭說：「我的碩士論文老師王竹溪⋯⋯有一天告訴我翁沙格解

決了二維易辛模型。王話不多，是很含蓄的人，但是那一天他明顯地非常興奮，半世紀後，我還能記得他欽佩而近乎激動的語氣……我去找了那篇文章來看，但是完全看不懂翁沙格的策略。」楊在別處也回憶說：「我的感覺是給牽著鼻子一直走、一直走，直到忽然間答案出來了。」

二次大戰結束，楊振寧到芝加哥大學攻讀博士，雖然他當時的研究重點在粒子物理，可是對於翁沙格的論文仍念念不忘，私下「花了相當多的時間研究內容細節，但依舊沒有什麼進展」。1949 年，楊拿到學位後，到普林斯頓高等研究院當博士後研究員。有一天，偶然地和同事聊起易辛模型，才知道有一個新方法可以大幅簡化翁沙格非常複雜的代數運算。提出這個新方法的是考夫曼 (B. Kaufman, 1918-2010) 女士，她曾是愛因斯坦的助理。楊的轉機來了，透過考夫曼的方法，他終於徹底瞭解翁沙格的論文。

一旦楊振寧掌握了關鍵的觀念與技術，他發現能夠推廣翁沙格的結果，把模型中自發磁化強度算出來。楊說這項計算是「他生涯中最長的計算，有一大堆的小技巧，處處拐來拐去，障礙很多，但是每次都會找到新辦法，麻煩是我覺得就像在迷宮裡，不確定在轉了那麼多彎之後，是不是更接近目標，……有幾次我幾乎要放棄，……終於在六個月之後，一切都自動歸位，複雜的函數都相消掉了，答案令人驚訝的簡單。」楊的力作於 1952 年發表在《物理評論》(*Physical Review*)。他所得到的是磁化強度隨溫度變化的函數。從這個函數，他很容易算出磁化強度在臨界溫度以下，很接近臨界溫度時，與化約溫度（reduced temperature，約略地說，就是溫度與固定的臨界溫度之差）的八分之一次方成正比。物體在臨界溫度附

近的行為稱為「臨界現象」(critical phenomena)，這時很多物理量與化約溫度成冪次方關係，這些冪次就稱為「臨界指數」 (critical exponent)。這些臨界指數是臨界現象的要角，但是很難從基本原理推算出來；最早精確算出的臨界指數就是易辛模型中的八分之一。

　　但是楊還是沒有超越翁沙格——1948 年，名物理學家悌差 (L. Tisza, 1907-2009) 在康乃爾大學有一場演講，在演講結束之際，翁沙格走上黑板，寫下磁化強度函數，平靜地宣布這是他和考夫曼所得到的結果。翁沙格始終沒有正式發表這個計算，所以教科書都記載發現磁化強度函數的是翁沙格與考夫曼，但由楊振寧首先發表。

2003
01/22

39. 一步一步來

　　史上唯一兩次獲得諾貝爾物理獎的人，不是愛因斯坦、不是拉塞福、不是居禮夫人 (Marie Curie, 1867-1934)、不是費曼，而是約翰‧巴丁 (J. Bardeen, 1908-1991)。對於大眾來說，巴丁算是個生疏的名字，但在科學上，他的確功勳顯赫。巴丁第一次拿獎是在 1956 年，理由是與布拉吞 (W. Brattain, 1902-1987)、肖克萊 (W. Shockley, 1910-1989) 二人共同發明了電晶體。第二次是在 1972 年，因為超導體理論的工作而與庫伯 (L. Cooper, 1930-)、許瑞弗 (J. Schrieffer, 1931-2019) 一起得獎。（物理界習稱巴、庫、許三人的這個超導體理論為「BCS 理論」。）巴丁自己曾開玩笑說，他其實總共才拿到三分之二個獎，假如他和其他二人再分享一次諾貝爾獎，才能算拿到一整個諾貝爾獎。

　　巴丁這兩項重要工作間隔了九年多。電晶體是 1947 年底於貝爾實驗室發明的，超導體理論則是在 1957 年初於美國伊利諾大學完成。前者對於物質文明的實質影響非常大，是革命性的突破。但是他認為從物理學的角度而言，電晶體不能算是太了不起的成就。他在第一次獲獎後，還寫信給朋友說：「我猜（諾貝爾）委員會中有很多人懷疑（電晶體裡頭的）科學本身是否值得此獎。我就這麼懷疑。」但巴丁主導的 BCS 超導理論就不折不扣是二十世紀理論物理極重要的進展。事實上，巴丁在物理界主要就是以 BCS 理論中的 B

著稱。

　　超導現象發現於 1911 年，當時荷蘭物理學家凱默林‧翁內斯 (H. Kamerlingh Onnes, 1853-1926) 發現，一旦將水銀冷卻到絕對溫度 4.2 度以下，水銀的電阻就完全消失。這個奇特的現象困惑了物理學家四十餘年。大人物如波爾、海森堡、費曼都曾想解釋此一現象，也都無功而返。由於失敗的理論比比皆是，當初還流傳個玩笑定理：「每一個超導理論都可以證明是錯的」。B、C、S 三人之所以能後來居上，奪得聖杯，還得歸功於巴丁特殊的眼光與堅持。

　　巴丁從小數學就很好，1933 年入普林斯頓大學的數學研究所攻讀博士。他其實對物理也很有興趣，也恰好當時物理與數學研究生的必修課程都一樣，所以他能夠兩者兼顧。他覺得自己的數學天分較高，但認為物理比較有趣。最後他跟隨大物理學家維格納 (E. Wigner, 1902-2000) 做了一篇固態物理的博士論文。巴丁覺得他從維格納那裡學到如何選擇關鍵的問題，以及如何下手解決問題。第一步是把問題分割成一些較小、較簡單、但是仍能保留住原先大問題精髓的問題，也就是將問題化約至其本質。他說：「我想這是很好的一課。」不過他的朋友注意到，巴丁的手法仍與老師有所不同：維格納通常會選擇優雅的、美妙的數學步驟，而巴丁則可以接受任何能達到目的之手段。

　　1951 年，巴丁因為與肖克萊不合，決定離開貝爾實驗室，到伊利諾大學任教。當時關於超導體的實驗與理論有一些新的進展，讓他覺得可以投注更多心血在超導體問題上。BCS 中的 S——許瑞弗——於 1953 年進入伊利諾大學攻讀物理博士，在和巴丁學習了一年半之後，決定找巴丁做博士指導教授。許瑞弗回憶說，巴丁從抽

屜拿出一張單子，上面約有十個問題，適合作博士論文題目。單子
上最底下一個問題就是超導體問題，吸引了許瑞弗的注意。巴丁對
他說：「你何不想一想這個問題？」許瑞弗知道選超導現象為博士論
文題目有相當風險，但是他覺得自己年紀還輕，可以試一下，若不
行尚有回頭的機會，所以就選了最後這一個問題。

　　巴丁當時已經瞭解超導現象起於電子與聲子 (phonon) 的交互
作用。他認為需要找一位熟悉量子場論的人，能夠用最新的場論技
巧（如費曼圖）處理複雜的交互作用，所以就打了電話給在普林斯
頓高等研究院的楊振寧，請楊替他尋人。結果楊推薦從哥倫比亞大
學拿到博士學位不久、到高等研究院任博士後研究員的庫伯。當巴
丁路過高等研究院與庫伯見面時，庫伯告訴巴丁，自己對於超導體
一無所知，不過巴丁說沒有關係，因為「會教他一切」。庫伯想了幾
個月之後，決定接受巴丁的邀請，將超導現象當成「我要解決的問
題」。

　　BCS 這一小組終於成軍，三位成員每個人都有其特殊的貢獻：
巴丁是舵手，知道整個問題的來龍去脈、所要追求的目標是什麼以
及最後的解（描述電子的波函數）應該要有什麼樣的特性，尤其是
在碰到困難時，能督促團隊堅持下去；庫伯則發現電子間的吸引力
能讓電子兩兩配對在一起，這每一對電子現就稱為「庫伯對」
(Cooper pair)，庫伯對與電子不同，彼此不會排斥凝聚在一起；許瑞
弗最後補上關鍵的臨門一腳，寫下描述這些庫伯對的多體波函數。

　　許瑞弗是在 1957 年 1、2 月之交找到正確的波函數，當他拿給
巴丁看時，巴丁一眼就瞧出裡頭有東西，也很快地證明能隙
（energy gap，即基態與激發態的能量差）存在。有了能隙，超導現

象就可以理解——他們終於打開了超導理論的大門。接下來幾個月，三人瘋狂工作：許瑞弗專攻熱力學性質、庫伯研究電磁性質、巴丁則負責傳輸與非平衡性質。難倒一大堆天才的超導現象就這樣破解了。最近有一本巴丁的傳記問世，裡頭詳細地說明了這段歷史。研究科學史的兩位作者刻意地將書名定為 《真正的天才》 (*True Genius*)。

40. 青出於藍

　　前些時候，李政道在報紙發表了篇文章〈本世紀物理的挑戰〉，裡頭提到科學界英雄出少年。他列舉了很多物理學家為例，說明他們在獲得傑出成就之時，多半是 35 歲以下的年輕人。不過或許是由於李所提的例子著重在量子力學、場論與基本粒子物理等領域，所以名單中漏掉了現任劍橋大學物理教授的布萊恩‧約瑟夫森 (B. Josephson, 1940-　)——至目前為止，爬上頂峰之時，年紀最輕的物理學家。他在 1962 年提出著名的「約瑟夫森效應」時，還是劍橋大學博士班研究生，才 22 歲，比起海森堡提出量子力學時不可思議的 23 歲還要小上一歲。

　　「約瑟夫森效應」是展現超導原理的一種「穿隧 (tunnelling) 效應」：在兩片超導體中間夾入一片薄薄的絕緣體，在沒有外加電壓的情況下，仍會有直流電流通過絕緣體，這純然是古典物理所不容許的量子效應。如果在超導體兩端施上一固定電壓，則居然會出現交流電流。我們可以從交流電的頻率得到非常準確的物理常數；我們也可以利用這個效應，做出非常靈敏的 「超導量子干涉儀」（Superconducting Quantum Interference Device，簡稱 SQUID）來測量極微弱的磁場，所以「約瑟夫森效應」在學理上與應用上都是非常重要的效應。約瑟夫森因為這項成就，與另外兩位實驗學家一起獲得 1973 年諾貝爾物理獎。

　　如果沒有貴人相助，約瑟夫森當然不可能以 22 歲之齡，就在科學前沿闖下名號。貴人其一是他的指導教授、超導體老將布萊恩・皮帕德 (B. Pippard, 1920-2008)；其二是於 1961 學年度，在劍橋任客座教授的安德森。安德森後來在一篇文章〈約瑟夫森如何發現他的效應〉中回憶：「約瑟夫森修了我的固態物理與多體物理課。對於講者來說，那是令人窘困的經驗，因為每個細節都不能出錯，否則他就會在課後走過來解釋給我聽。或許是因為這門課以及我講過的一些東西的關係，他在完成（此效應的）計算後一兩天就拿給我看。」安德森那時對於約瑟夫森已有相當信心，可以接受他所說的任何事。但是約瑟夫森自己反而有些猶疑，所以安德森還特別花了一晚上檢查約瑟夫森的計算。

　　安德森所謂「我講過的一些東西」指的是「自發對稱破壞」(spontaneously broken symmetry) 這個觀念。約瑟夫森在他的諾貝爾演講中說，他之所以會研究起此問題，是因為安德森在他的課上介紹了 BCS 超導理論中的「對稱破壞」，而「這想法把我迷住了，我好奇實驗上有沒有什麼方法可以觀測到它」。約瑟夫森實在幸運，因為當時能夠深切瞭解「自發對稱破壞」的物理學家寥寥可數，而安德森恰是其中之一。（事實上，安德森自己後來把「自發對稱破壞」用到規範場論上頭，解決了弱交互作用理論中的難題，而粒子物理學家則隔了更長的時間才瞭解這點。）約瑟夫森能夠想到利用「穿隧超導電流」來呈現安德森所教的抽象原理，是非常漂亮的作品。

　　約瑟夫森在 1962 年 6 月將論文寄交《物理通訊》(*Physics Letters*) 發表。沒想到 BCS 超導理論中的主將巴丁，在兩星期後也送出一篇論文到《物理評論通訊》(*Physical Review Letters*)，其中有

一附註就在駁斥「約瑟夫森效應」。約瑟夫森受到巴丁的批評，其懊惱可想而知。那一年 9 月，第八屆國際低溫物理會議在倫敦大學舉行，主辦單位特別邀請約瑟夫森與巴丁參與一場面對面的辯論。依據巴丁傳記《真正的天才》(*True Genius*) 的描述，辯論當天下午，會議室擠滿了期待的人們，巴丁坐在後面。約瑟夫森首先說明他的理論如何預測了（電子）庫伯對的穿隧會是很大的效應，然後巴丁就站起來解釋他的單電子穿隧理論，並強調庫伯對不會進入絕緣層裡，接著「約瑟夫森以問題打斷巴丁，巴丁回答後又反問約瑟夫森，如此來回好幾次，約瑟夫森回答了每一個對他理論的批評。整個場面相當平和，因為兩人都輕言細語」。一位在場的教授記得，「巴丁一點也不掩飾地表達懷疑」，但「約瑟夫森毫不退讓」。當巴丁說他認為約瑟夫森的想法很不可能時，約瑟夫森不停地問巴丁：「你計算了沒？沒有？我有！」多數人認為約瑟夫森贏了辯論。後來實驗證實了「約瑟夫森效應」，巴丁也公開地撤回他的反對。

　　約瑟夫森三十出頭就拿了諾貝爾獎，是人人羨慕的天之驕子。他在得獎前後已經轉向研究超自然現象，如超感官知覺、心電感應等。他相信量子力學與這些超自然現象有些關聯。這樣的信念當然會引人側目，也讓不相信這些超自然現象的安德森說出類似「今日之約瑟夫森與昔日之約瑟夫森已經不是同一個人」這樣的話來。

2002
08/07

41. 拉佛斯坦

　　我已經很久沒有好好讀小說了。在書店裡偶而會翻一翻剛上市的小說，有時候也會買一些覺得有趣或該讀讀看的（新或舊）小說回家，但回家後就放著了，沒再去碰過。前一本大致上翻完的不記得是日本還是美國的偵探小說，不過那也是好久以前的事了。去年夏天出國一趟，除了專業的書以外，一時起意，還帶了一本索爾·貝婁 (S. Bellow, 1915-2005) 的小說《拉佛斯坦》(*Ravelstein*)❸。當初在書店買了這本小說的原因是，一來我記得看過這本書的書評，知道它曾引起一些騷動，因為小說的主角與情節皆是真人與（某些人認為不應該洩漏的）真事。主角拉佛斯坦影射的是過世的芝加哥大學教授布倫 (A. Bloom, 1930-1992)。他在 1987 年出版了《封閉的美國心靈》(*The Closing of the American Mind*)，尖銳地攻擊當時的多元文化思潮，轟動一時。二來它是特價品，精裝本只有臺幣 199元。

　　我知道貝婁是大作家，拿過諾貝爾文學獎，但從來沒看過他的小說。所以在飛機上翻開《拉佛斯坦》時，純然只有好奇心，想知道這是本什麼樣的書，並沒有期待一定會讀下去。心想如果太艱澀，

---

❸臺灣後來也有出版商推出《拉佛斯坦》的中譯本，用了個很糟糕的書名《像他這樣一個知識分子》。

就改看另一本科普。沒想到一看就連著看了幾十頁，太精采了。最主要的是，我馬上能感到作者的機敏與才智。只有少數其他作家，如魯迅、寫《自私的基因》(*The Selfish Gene*) 與《盲眼的鐘錶匠》(*The Blind Watchmaker*) 的生物學家道金斯、寫《反對方法》(*Against Method*) 的哲學家費爾阿本 (P. Feyerabend, 1924-1994) 才能給我相同的感覺。貝婁對人物的描繪非常生動，無論是敘述或是對話都很輕快而處處可見機鋒。我用「輕快」來形容《拉佛斯坦》其實還不是很恰當，但我一時不知有什麼更好的詞。我的意思是不拖泥帶水、無意義地兜圈子。貝婁的文字顯然是精挑細選，所含的意義密度很高，而又不沉重。

　　故事一開始的場景是在巴黎最貴的旅館克里雍 (Crillon)，拉佛斯坦與說故事的奇克 (Chick) 正要吃早餐。拉佛斯坦是美國中西部一所名大學的哲學教授，他之所以能夠招待奇克、奇克太太以及拉佛斯坦自己的伴侶尼齊 (Nikki) 住這麼豪華的旅館，是因為拉佛斯坦寫了一本批評美國人文教育的暢銷書而成了百萬富翁。依奇克的說法：「因為把你想講的話完全不打折扣地講出來，而名利雙收，這可不是一件小事。」拉佛斯坦是個重物質享受的人，穿的西裝、用的家具、抽的雪茄全是頂極品，所以手頭經常很緊。因此比拉佛斯坦年長的奇克才建議拉佛斯坦寫本書，起碼可以先拿到訂金應急，卻沒想到一炮而紅。

　　拉佛斯坦教授對於經典，如柏拉圖的《理想國》、《對話錄》以及盧梭 (J. Rousseau, 1712-1778) 的《愛彌兒》等，皆瞭如指掌。奇克寫說：「他依賴他的想法為生，他的知識是真實的，還能引經據典。……他盡一切所能防止人類的偉大全然地消失於布爾喬亞的幸

福裡。拉佛斯坦的生命沒有一絲平凡，他拒絕枯燥與無聊。」

　　拉佛斯坦有不少仰慕者，很多是上過他政治哲學的學生。他對特別有慧根的學生，還刻意地用心調教。比較年長的學生，有的是報社高級主管、有的進入國務院、有的在大學教書、有的是國家安全顧問的幕僚。他常和他們通電話、或是提供意見、或是交換八卦消息，所以常能在新聞公開之前，就知道一些機密。對他來說，這是很愉快的事。

　　奇克在書中的角色之於拉佛斯坦，就好似傳記家包思威爾 (J. Boswell, 1740-1795) 之於大學者強生 (S. Johnson, 1709-1784)。其實拉佛斯坦已經要求奇克，在他死後不揚善抑惡地寫出他的一生。故事中，拉佛斯坦最後死於愛滋病。我後來在網路上讀到《拉佛斯坦》更多的書評，瞭解全書近乎是事實，包括貝婁自己的遭遇也一五一十地寫入書中。所以可以確定拉佛斯坦就是芝加哥大學教授布倫，奇克就是貝婁本人。貝婁洩漏布倫的愛滋病引來一些不以為然。《拉佛斯坦》畢竟只是件文學作品，重點在於主角的奇人奇事，對於布倫的哲學理念著墨不多，對《封閉的美國心靈》的內容也沒仔細介紹。不過貝婁自己當初倒是為《封閉的美國心靈》寫了一篇前言。

　　布倫堅持經典文學的意義，對於所謂多元文化的教育理念大不以為然，所以右派的立場是很鮮明的，因而朋友與敵人都很多。布倫的文筆也很好，頗有魅力。以《封閉的美國心靈》第一章第一句為例：「有一件事大學教授可以不用懷疑：幾乎每個大學新生都相信、或者說他相信，真理是相對的。」我喜歡這樣有力的開頭。

42. 彭卡瑞

　　介紹巴黎的旅遊手冊都會提到位於市內的三大墓園——拉歇茲神父墓園 (Cimetière du Père Lachaise)、蒙馬特墓園 (Cimetière de Montmartre)、與蒙帕拿斯墓園 (Cimetière de Montparnasse)。遊客如果行程不緊湊，手冊建議不要錯過在這些「花團錦簇、蝴蝶紛飛的公園」中和「古今名人神交的機會」。前次到巴黎，空閒時間多一些，某一天就從花神與雙叟兩咖啡店旁的聖傑曼德佩廣場往南走向蒙帕拿斯區。那天有點陰，是逛街的天氣。進了蒙帕拿斯墓園，拿了墓園導覽，先往右邊走去，墓園的明星居民——存在主義哲學家沙特 (J. Sartre, 1905‑1980) 與他的伴侶女性主義者西蒙‧波娃 (Simone de Beauvoir, 1908‑1986)——就一起住在那裡。

　　就如同旅遊手冊所說，兩人的墓離入口處不遠，位於路邊很好找。當天墓園遊客不多，有人拿著鮮花探望故去的親人，也有一小隊送葬人群。我在沙、波墓旁的椅子坐下，打開墓園導覽，看看還有什麼聽過的名人，有作家阿宏 (R. Aron, 1905‑1983)、莒哈絲 (M. Duras, 1914‑1996)、莫泊桑 (Maupassant, 1850‑1893)，然後很驚訝地發現彭卡瑞 (H. Poincare, 1854‑1912) 也埋在這裡。對於研習數學與物理的人來說，彭卡瑞是超級大人物，可列入古今十大數學家之一，而旅遊導引竟全然不提！以對於其各自領域的貢獻而言，依我的偏見，沙特根本無法與彭卡瑞相比。彭的墓位於墓園較偏僻的地方，

在圍牆邊，不是很好找。其實彭是與家人埋在一起，所以是家族墓。彭的家族在當時算是顯赫：他的父親是醫學教授，堂兄當過法國總理。看到他們家族寂寥的身後住所，很難不興天地悠悠之感。

　　彭卡瑞的數學貢獻大又多，一般認為他開創了代數拓樸 (algebraic topology)、多複變函數及混沌 (chaos) 理論。另外關於自守函數 (automorphic function)、天體力學、特殊相對論、科學與數學哲學等的研究也都獨樹一格，影響深遠。他是唯一能在法國科學院五個學門（幾何、力學、物理、地理、航海）全入選為院士的人。現今已找不到和他一樣、能自由出入數學與科學各個領域的天才了。他知名的著作不少，其中《天體力學的新方法》(*Les Méthodes Nouvelles de la Méchanique Celeste*) 已成經典。幾本較通俗的書，如《科學與假設》(*Science and Hypothesis*)、《科學與方法》(*Science and Method*)，現在書店還買得到。

　　在彭卡瑞的貢獻之中，混沌現象的發現頗有些戲劇性。故事要從一項國際競賽說起。瑞典與挪威的國王奧斯卡二世 (Oscar II, 1829-1907) 為了慶祝他在 1889 年元月的 60 歲生日，設立了獎金頗豐的數學競賽。這類競賽在當時已有悠久傳統，用意在鼓勵解決某些特定的數學問題。其實對優勝者來講，物質報酬還在其次，名望才重要。奧斯卡二世本人念大學時的數學成績不錯，與數學家也有交往，常支助數學出版事業。所以他會設立這項競賽，不算奇怪。

　　斯德哥爾摩名數學教授米塔格—雷弗勒 (G. Mittag-Leffler, 1846-1927) 是期刊《數學學報》(*Acta Mathematics*) 的創辦人兼總編輯，此次國王生日競賽事宜由他負責。他自 1884 年起就開始籌劃，主要是組成評審團並訂出題目來。為了彰顯競賽的國際色彩，米塔

格—雷弗勒找了德國的外爾斯特拉斯 (K. Weierstrass, 1815-1897) 與法國的厄米特 (C. Hermite, 1822-1901) 兩位數學資深大師來命題與評審。《數學學報》 在 1885 年，以德文與法文正式宣布了這項競賽，同時公告獎金數額與四個題目。其中，第一個問題由外爾斯特拉斯執筆，其敘述是：「考慮一群帶質量的點粒子，數目任意，彼此以牛頓萬有引力相吸。請用一均勻收斂級數表示每個粒子於任何時間所處位置的坐標，級數的每一項為已知函數。」落實在具體的例子上，此一題目就是希望能證明太陽系是穩定的。

到 1888 年 6 月 1 日的競賽截止日止，共收到十二篇論文。結果彭卡瑞以應徵第一個問題的論文〈三體問題與動力學方程式〉獲獎。從評審團的角度，這篇論文毫無疑問是最佳論文，裡面提出了很多處理動力學系統的新概念與技巧，尤其是彭卡瑞強調整體觀，著重方程式解的「性質」，而不是解的精準量值。彭卡瑞證明了均勻收斂級數並非適用於所有的情況。這篇文章有些難度，彭卡瑞並沒有仔細地證明每個定理，因此以嚴謹著稱的外爾斯特拉斯擔心論文是不是有些疏漏，不過因為時間有限，體力欠佳的他一時也沒能具體找到錯誤。《數學學報》原本打算在 1889 年底登出得獎論文，然而米塔格—雷弗勒的一位同事覺得論文有些地方不太對勁，詢問彭卡瑞後，彭才發現論文的另一處有個大錯。雖然那一期《數學學報》尚未正式出刊，不過已經私下送出了許多份給行內的人。這實在是很尷尬，米塔格—雷弗勒不得不施出強烈手段，將才送的期刊一一追回。同時盡一切力量，壓下可能的雜音。

彭卡瑞的懊惱可想而知，他的錯誤可以說是下意識的錯誤：他的結果固然指出三體問題比想像更為複雜，但他也從未預期三體或

多體系統真的可能不穩定，所以他忽略了一個重要的情況，以術語講，就是他忽略了同宿點 (homoclinic point) 的存在。當他把錯誤更正過來之後，人類才頭一回見識到所謂的混沌現象；大略地講，也就是表面上看毫不為奇的微分方程式可以有無窮複雜、難以掌握的解。更正後的論文發表在 1890 年的《數學學報》，馬上被認為是劃時代的傑作。一般人完全不知道上述這段轉折，近幾年才有科普書把故事說出來。

43. 安德列與西蒙

　　安德列‧維爾 (Andre Weil, 1906-1998) 是二十世紀最重要的數學家之一──他把現代幾何概念注入數論之中，連帶重新打造了代數幾何的基礎。二十世紀下半葉許多重要的數學工作，如「費馬最後定理」的證明，就是建立於他所開創的觀念之上。維爾在普林斯頓高等研究院的同事藍朗 (R. Langlands, 1936-　) 形容他：「骨架輕，近視；即便到了晚年，仍然多少像個常有驚人之舉的小孩；競爭心強，有點自負，對同事盛氣凌人，但同時又很有魅力與文化，從未喪失智識上的好奇心。」維爾的機敏與自負從以下他這句話可以看出端倪：「在一生中證明出一個定理的是好數學家，偉大的數學家證明兩個。」這話真是尖銳極了──譏諷了所有證明出好多個定理的平庸數學家。不過他說的沒錯：如要證明自己不僅是運氣好而已，必須想出兩個以上的好點子。如果沒有真功夫，維爾是不能在大師雲集的高等研究院如此率性的。

　　維爾在 1991 年出版了回憶錄 《一位數學家的成長》 (*The Apprenticeship of a Mathematician*)， 描述他豐富異常的前半生──從誕生於法國巴黎起至 1947 年出任芝加哥大學數學教授。回憶錄裡的故事匪夷所思、高潮迭起，直要把傳奇的費曼自傳《別鬧了，費曼先生》比了下去。

　　維爾的雙親都是猶太人，但是家庭中的宗教氣息淡薄，他行醫

的父親甚至可以說是無神論者。維爾從小天資過人，一路跳級，22
歲就獲博士學位。畢業後，一時找不到職業，在朋友介紹之下，到
印度教了兩年書。他原本就對印度文化很感興趣，研究過梵文，所
以早就有念頭到印度去。他在印度的期間，正值甘地 (M. Gandhi,
1869-1948) 提倡不合作主義，也在因緣際會中見過甘地及尼赫魯
(J. Nehru, 1889-1964)。

　　回到法國後，維爾先到馬賽大學待了一陣子，後來在斯特拉斯
堡 (Strasbourg) 大學找到教職，與好友卡當 (H. Cartan, 1904-2008)
共事。維爾說，在斯特拉斯堡的那幾年 (1933-1939) 是「快樂和很
有收穫的日子」。有收穫的事情之一是他和卡當、雪佛來 (C.
Chevalley, 1909-1984) 等一批法國頂尖年輕數學家組織了一個團
體，目的在改革法國數學教育。他們定期討論，尋找傳授數學知識
的最佳方法。他們所寫的教科書都出版在一位虛構的「尼古拉斯・
布巴基」(Nicolas Bourbaki) 名下。「布巴基」所寫的這一套高等數學
教科書有獨特的數學品味，有人叫好，也有人皺眉頭，總之對於二
十世紀數學的發展有深遠影響。

　　1939 年二次大戰爆發，維爾為了逃避兵役徵召，跑到芬蘭。沒
想到還是被捕入獄——因為人家懷疑他是蘇俄間諜。在處決前夕，
認得他的朋友無意間得知此事，出手救了他的命。不過他還是被轉
交至法國監獄，等待審判。在服監期間，維爾想出了非常出色的數
學點子。審判的結果是五年刑期，維爾律師提出交換條件：維爾加
入戰鬥部隊以換取緩刑——這條件被接受了。維爾最後隨著部隊撤
退至英國，後來又回到法國。在經過一連串不可置信的遭遇之後，
他和一家人竟然在 1941 年到了美國；雖然他還有一些小苦頭得吃，

不過大致上最苦難的日子結束了。

　　當幾年前我首次翻閱《一位數學家的成長》時，我注意到維爾在序言中特別提到，他不會談太多他的妹妹西蒙‧維爾 (Simone Weil, 1909-1943)，因為他已經把所記得的都告訴了西蒙的傳記作者；顯然西蒙‧維爾本人大有來頭，但是我那時對她一無所知。後來在巧合之下，聽到臺灣大學大氣系教授林和提及西蒙，得知她早已過世，但其名氣更要遠大過她老哥安德列──書店裡關於西蒙的書有一大片。林和還強調西蒙的文筆非常棒。

　　西蒙比安德列小兩歲，從小也是資優生，和另一位更著名的西蒙──西蒙‧波娃──是大學同學。西蒙‧維爾是入學考試的第一名，西蒙‧波娃是第二名。西蒙‧維爾從小就仰慕她那天才的哥哥，但是自知沒有安德列的數學才氣──在 14 歲時，西蒙曾為此痛苦萬分。但是她領悟到：「任何人即便沒有什麼天資，只要嚮往真理，而且不停地關注於求得真理，也可以進入原本保留給天才的真理殿堂，所以他也就變成天才──雖然因為缺乏天分，他的天才沒有外露出來。」

　　西蒙在大學主修哲學，寫過文章討論權力、平等及勞力階級的關係；畢業後，在女子高中找到教職，同時介入當地的政治活動。她選擇與勞工站在一起，親身到工廠從事勞力工作，也把她的薪水和失業者分享。她替工會報紙寫了很多文章，一方面批評時髦的馬克斯 (K. Marx, 1818-1883) 思想，另一方面也不對資本主義與社會主義抱持希望。她跨越階級的作為一定引人側目，終於在一次示威遊行後，被要求辭去教職。她曾在 1936 年加入西班牙內戰、幫助無政府主義民兵，朋友形容她是「唐吉訶德」。1943 年，二次大戰期

間，西蒙跑到英國參加「自由法國」組織。她拒絕吃超過正規食物配給的分量，因為「以現在人們的處境，吃到飽是不對的。」她浪漫地以為自己所不吃的食物會送到法國給境內的同志，但是她那時已感染肺結核，拒絕營養食物等於是慢性自殺。她不久後過世，才34 歲。

西蒙在世時只發表過幾篇文章，去世後朋友替她整理手記出書，世人方得以認識這位奇女子。現在一般都形容她為一位「道德、政治哲學家，社會運動家，有宗教情操的追尋者」，一輩子在追尋消弭世界不公義的方法。

44. 寫物理

　　海森堡於 1926 年提出的測不準原理，是二十世紀極著名的物理原理。這個原理的名字（譯名）太富暗示意義，一般人很容易從中自行揣摩出「物理量是測不準的」這層意思。至於為什麼會如此，很多人又有個印象——「那是因為我們在做測量時，無可避免地會干擾到所測量的對象，因此影響了準確度」。例如，前些時出版的一本暢銷翻譯書《請問諾貝爾大師——大師解答孩子的 22 個疑惑》裡頭有一篇臺灣學者的推薦序，序中有這麼一段文字：「個人常思考量子力學的哲學基礎究竟在哪裡？海森堡的測不準原理中，被測量者和測量者是一體的一個系統，所以兩者太接近就有誤差，而兩者誤差的乘積卻是定數。這在西方哲學裡是找不到答案的。西方認為兩者是相互獨立的，而東方哲學則認為兩者是一體的。」雖然這段話有含糊的地方（尤其是「兩者誤差的乘積卻是定數」中的「兩者」會被誤解為被測量者和測量者），它的主要意思大致上還算清楚，就是「（被測量者和測量者）兩者太接近就有誤差」。

　　這樣子對於測不準原理的詮釋其實不很恰當，因為它易於落入以下的看法：既然誤差起自「兩者太接近」，如果彼此遠離一些，也就是不去測量，就無誤差可言了。以具體的例子來說，如果我們不去「看」（測量）電子，電子就還是可以有某個未知的精準軌跡。然而這卻是個錯誤的結論。

　　那麼測不準原理應該怎麼說明比較好？費曼在他的《費曼物理學講義》中說：「測不準原理『保護』了量子力學。」他的故事大致是這樣子的：將電子射過有兩個孔的金屬板，在板後放置偵測器捕捉電子。將不同位置的偵測器所接收到的電子數目統計出來，會發現疏密間隔的干涉圖像。因為干涉現象是波的特性，所以電子和光子一樣具有波的性質。原本我們將電子想像為一顆極小的撞球般的個體，有明確（但或許很難偵測）的運動軌跡。這麼一來，電子在通過金屬板時，一定是從兩個孔其中之一穿過去。這個結論對嗎？我們可以嘗試做實驗（例如用光去照射）以偵測電子究竟怎麼穿過金屬板。我們會發現電子的確從兩個孔其中之一通過，但是一旦發現電子如何通過金屬板，干涉現象也就消失了。這是波爾「互補原理」的展現。所以如果要保留干涉現象，我們就不能談論電子軌跡。

　　在量子力學中，電子的確是沒有實質軌跡的，所以談不上有精準的位置與動量。我們得用機率波函數來描述電子。機率波滿足薛丁格方程式，這是二十世紀極為成功的方程式，電子所有的（非相對論性）行為，包括上述的干涉現象，都受其控制。用機率波可以計算電子的位置與動量的期望值，但是兩者誤差的乘積必得（約）大於普朗克常數。如果我們能找到方法，可以精確地同時量出電子的位置與動量，就可以把軌跡畫出來，也就動搖了量子力學的基礎。海森堡的測不準原理就是說，我們的觀測一定會干擾電子，而且這種干擾無法完全排除，所以我們不可能精準地同時量出電子的位置與動量，也就不可能測得軌跡，量子力學的架構因而沒有內在矛盾。這就是為什麼費曼要說：「測不準原理『保護』了量子力學。」以及「（觀測引來的）干擾對於量子力學觀點的一致性來說是必要的。」

老一輩的物理學家，如愛因斯坦（甚至薛丁格本人）無法接受這種觀點，因而會問出「如果不去看月亮，它還會在那裡嗎？」這樣的問題。對於電子來說，這個問題的答案是：「如果不去看電子，我們就不能確定電子還會在那裡。」

摩明 (N. Mermin, 1935-) 是美國康乃爾大學的物理系教授，是物理界公認很會寫文章的科學家。他有一篇名為〈寫物理〉(*"WritingPhysics"*) 的演講稿（可見於摩明的個人網頁：www.physics.cornell.edu/profpages/MerminN.html），裡頭談到解說物理概念時所碰到的挑戰。他說，相對論與量子力學所談論的現象是日常熟悉的語言所不能應付的，因為這些日常語言只能描述古典物理的經驗。如要談論相對論與量子力學，「就得仔細地重新檢討日常語言，或者全然放棄它」。物理學家傳統上選了第二條路，也就是只採用數學這種非語言的理解方式。摩明特別強調，「優秀的物理學家能夠修改日常語言以便與抽象的結構對應起來，其餘的物理學家從沒有踏出那重要的一步」，因此也就「從來不懂他們自己到底在講什麼」。只有當你能夠把一件事情解釋給外行人聽懂的時候，你自己才算真懂。摩明說，量子力學比相對論更詭異，還沒有人想出法子可以不借用數學來談論它。他顯然同意費曼的名言：「沒有人懂量子力學。」

費曼正是摩明所謂「寫物理」的頂尖高手，他的《費曼物理學講義》是二十世紀科學的傑作。一般的物理學家只能熟悉某一特定領域的專業，即便是有相當成就的一流學者，也很少能全面性地接觸物理的各個領域。而費曼不只對物理有全面瞭解，其掌握之深，在各別領域仍罕有超越者。在《費曼講義》裡，他把物理知識完全

攪和在一起，選擇一個他認為最有意思的順序，把這些知識重新編排起來。在他富創意的排列之下，物理學就像一個由許許多多小故事串成的大故事，太美妙了。《費曼講義》裡的很多口語解說非常平易近人，依摩明的看法，這實在非常困難，一般人做不來的。

45.盧山真面目

　　2002 年 5 月，英國科學雜誌《物理世界》(*Physics World*)「臨界點」(Critical Point) 專欄的作者──美國紐約州立大學哲學教授克瑞斯 (R. Crease, 1987-)──向讀者提出以下的問題：「最美麗的物理實驗是哪一個？」結果克瑞斯收到兩百多個答案，依得票多寡，前十名為：(1)電子的雙狹縫干涉實驗；(2)伽利略自由落體實驗；(3)密立坎油滴實驗；(4)牛頓用稜鏡分解光；(5)湯瑪斯‧楊 (T. Young, 1773-1829) 的雙狹縫光干涉實驗；(6)卡文迪西 (H. Cavendish, 1731-1810) 測重力的扭桿實驗；(7)埃拉托斯特尼 (Eratosthenes, 276 B.C.-195 B.C.) 測量地球半徑 （公元前第三世紀）；(8)伽利略說明慣性定律的斜面滾球實驗；(9)拉塞福發現原子核的 α 粒子散射實驗；(10)傅科擺。這些實驗都有「基本、明確、有巧思」的特點，和一般人對於科學中所謂「美」的看法相符。現代很多昂貴的複雜實驗反而沒有這些特色。

　　這份名單有趣的地方在於兩個干涉實驗都名列前茅（第一與第五），可見其在科學上的分量。但這兩個實驗就概念而言，前一個其實只是後一個的翻版而已，所以真正有創見的是湯瑪斯‧楊證明光波動性的雙狹縫實驗。楊是英國人，2 歲就能流利地閱讀。16 歲已嫻熟拉丁文與希臘文，同時懂另外八種語言，因此 18 歲時就被人認為是頗有成就的學者。他 19 歲決定習醫，在愛丁堡與哥廷根完成醫

學訓練之後，落腳倫敦行醫，同時從事科學研究。楊在科學與文學
上的著作多到必須以匿名發表，免得引來荒廢行醫本業的批評。

　　楊自 1798 年起開始研究聲與光，他在一篇講稿裡說：「光的本
質這個課題對於生活或藝術而言，談不上有什麼實質的幫助，但是
在其他很多方面這是極為有趣的問題，尤其是它有助於瞭解我們感
官的本質以及宇宙的一般結構。」在十八世紀，多數物理學家對於
光的瞭解來自牛頓所著的《光學》(Optics)（1704 年第一版）一書。
牛頓認為光是由一顆顆微小的光粒子所組成，這些粒子以光速直線
前進。（他其實也可以容忍光粒子在行進之時有某種形式的起伏震
盪。）與牛頓同時期的虎克與惠更斯 (C. Huygens, 1629-1695) 並不
認同他的「光粒子說」，他們相信光是一種（類似水波的）波動。牛
頓認為「光波動說」有弱點，因為如果光真的是一種波，它就應該
和聲波與水波一樣，會展現出繞射等典型的波現象，而當時並沒有
這類現象的明確證據。「光粒子說」有牛頓無與倫比的聲望在背後支
撐，就成為十八世紀關於光的主流理論。楊的貢獻就是以雙狹縫實
驗清清楚楚地證明光也有干涉現象，翻轉了「光粒子說」與「光波
動說」的地位。

　　雙狹縫實驗是讓光束通過一片有兩個細縫（或小孔）的屏幕，
通過後的光可以看成是從兩個光源所發出的光；在屏幕之後這兩個
光會重疊在一起。如果光是波，則空間中有些點會剛好是兩個光波
的波峰重疊之處（以術語講就是相位相同），因此振幅加倍，所以那
些地方就比較亮；而空間中另外有些點則剛好是一個光波的波峰與
另一個光波的波谷重疊之處（相位相反），振幅相抵銷，那些地方就
比較暗，因此在屏幕後遠處的白板上就可以看到明暗相間的條紋。

從條紋間隔大小還可以推算出光波的波長，楊所量到各色光的波長與現代值相當接近。如果光是粒子，就不會表現出能夠同時遍布於空間各處的波動性，當然就談不上有所謂的波峰與波谷，也就不可能有干涉現象。所以楊的實驗一出，「光粒子說」就銷聲匿跡了。尤其是在馬克斯威爾說明光與電磁波是同一回事之後，大家對「光波動說」更是堅信不疑。

　　電子與光子不同，它可以和質子組合成氫原子，很「明顯」是一種微小的粒子。但是入選為最美麗物理實驗第一名的卻正是證明電子也具有波動性的干涉實驗。此實驗的構想完全取自楊氏雙狹縫實驗，唯把入射物體改為電子束。也就是說，如果把電子射向有兩個細縫的屏幕，則在屏幕後也會發現在某些地方電子出現的機率高，而在另一些地方電子幾乎不會出現。所以屏幕後遠處的白板上，以電子抵達的數目而言，也會表現出強弱條紋，代表有干涉效應。因為電子的波長遠比光子來得短，實驗的難度較高，物理學家一直要到 1961 年才做出這個實驗。費曼在他知名的物理課程中，就是用電子雙狹縫干涉現象來說明量子概念的詭異，他說：「這一現象不可能，絕對不可能用古典方式來解釋，量子力學的核心就在裡頭。事實上，它包含了量子力學唯一的奧祕。」電子究竟是什麼東西，能夠違背常理地同時具有粒子性與波動性？這可能是一個永恆的謎。

　　除了電子之外，其實光也有粒子波動二元性：就在我們以為可以拋棄光粒子說之後，另一個美麗的實驗——光電效應——卻指出牛頓的猜測不全然錯誤，光的確是由一顆顆的「光量子」所組成！因為光電效應而獲諾貝爾獎的愛因斯坦說過，他對於光的本質所下的功夫遠超過相對論，卻仍得不到滿意的答案。

2003
04/23

46. 沉　淪

　　愛因斯坦寫過一篇短文，向開創量子論的普朗克致敬。文中有一段話如下：

……有各式各樣的人獻身科學，但並非每個人都僅是為了科學本身的緣故。有些人來到科學殿堂，為的是科學提供了他們展現其特殊才能的機會。對於這類人而言，科學是一種他們得意的運動，就像運動員很高興能展現他們的體能。另一類人則是希望能以腦力換取優厚的報酬而來到殿堂。這些人之所以會成為科學家，純然是因為在選擇職業的時候，機運的安排而已。在另外一個環境，他們可能就會成為政治人物或生意老闆。萬一天使從天而降，把我前面所講的幾類人從科學殿堂趕出去，恐怕殿堂就近乎要空掉了。但是仍會有少數一些虔誠禮拜者留著——有些是從前的人，有些是當今的人，我們的普朗克就是其中之一，而這正是我們愛他的原因。

　　愛因斯坦點出了「名」與「利」是多數科學家從事科學研究的主要動機。這一點對於瞭解人間運作道理的人來講，固然毫不稀奇，而無論是如諾貝爾獎委員會、或是臺灣的國科會之類的機構對此當然更是清楚。但是名利之心雖有其正面價值，卻也不時會引來愚蠢的作為。2002 年，美國物理界爆發的薛恩 (J. Schön) 醜聞就是非常誇張的例子，讓著名的貝爾實驗室 (Bell Lab) 丟足了臉，也讓頂尖

的科學雜誌,如《科學》、《自然》、《物理評論通訊》,非常尷尬地刊登撤銷十來篇已發表論文的聲明。

故事主角薛恩是德國人,出生於 1970 年。他在 1997 年從空士坦茲 (Konstanz) 大學拿到半導體物理博士學位後,馬上就被當時貝爾實驗室固態物理部門主任巴特羅 (B. Batlogg) 聘到美國當博士後研究員。薛恩在貝爾實驗室的表現非常傑出,很快就獲得永久聘任。從 1998-2002 年間,他共發表了近百篇的論文,其中八成的文章還列為第一作者。在 2001 年,他平均每八天就寫出一篇論文。這大量的論文不僅不是濫竽充數的文章,反而是廣被引用的一流論文。其中最出色的成果還上了《科學》與《自然》的封面。

薛恩的研究主題大致上是以奈米電子技術為中心,例如用有機分子薄膜做電子元件,或是做出單晶有機電晶體。他在有機材料上看到了一連串過去只有在其他系統才看得到的重要效應,包括超導態、分數量子霍爾效應等。這每一項成就都很出色,遙遙地領先別人,所以引來「他有一雙魔術手」的讚美。大家都很羨慕「他所做的每一件事似乎都成功」。無怪乎位於德國斯圖加特 (Stuttgart) 的普朗克固態研究所認真地考慮聘他為所長。

2002 年 4 月,這傳奇的科學故事開始出現破綻。一位普林斯頓大學的教授接到貝爾實驗室朋友的密報,發現薛恩在 2001 年分別發表於《科學》與《自然》的兩篇論文,其中的數據有不合常理的相似之處。薛恩的辯詞是,他寄錯了數據圖給《科學》,也馬上補送了一份更正給編輯。但是事情並未就此了結,因為一位康乃爾大學的教授發現,同樣的數據似乎也出現在前一年另一篇發表於《科學》的文章裡。接下來,發表在其他多篇論文的可疑數據也一一浮現。

貝爾實驗室的管理階層立刻感受到外來的質疑，當下就委託五位名學者組成調查委員會，詳加調查事情始末。薛恩的惡夢就此開始。

調查委員會的主席是史坦福大學的應用物理教授畢斯里 (M. Beasley, 1940-)，2000 年諾貝爾物理獎得主柯洛默 (H. Kroemer, 1928-) 是委員會成員之一。2002 年 9 月，委員會提出了調查報告，結論是他們找到了「有分量的證據」可以證明薛恩在受檢舉的二十四個可疑之處中，有十六處的確扭曲或偽造了數據。例子之一是薛恩利用數學函數來製造碳 60 巴克球的電阻數據。報告出爐以後，貝爾實驗室立即解聘了薛恩。

報告也對薛恩的論文合作者是否知情與所應負的責任提出初步的意見。委員會認為，薛恩之外的所有其他作者是不知情的，原則上沒有違背科學倫理之處。但是報告質疑薛恩的老闆巴特羅（他在 2001 年就從貝爾實驗室退休，到瑞士聯邦理工學院當教授，但仍然與薛恩合作，在論文上掛名），以他傑出的資歷，居然沒有更謹慎地監督成果這麼轟動的研究，不能說沒有瑕疵。一般評論認為，報告對於巴特羅太客氣了些，他絕對要負很大的責任，即便是貝爾實驗室的管理階層也有問題。

這件學術醜聞撼動了物理界。一來物理學家向來以為偽造數據只會出現在生物／化學界，因為生物／化學的實驗較複雜，不易重複，容易留下矇混的空間。而物理實驗因為較易重複，如果偽造數據很容易被抓出來，所以甚少聽說有人敢冒大不韙這麼做。但是薛恩的文章居然沒有碰到任何一位《科學》與《自然》期刊的論文審查員予以刁難！二來貝爾實驗室有一流聲譽與令人驕傲的歷史傳統，並非三流的研究單位，裡頭的研究人員都是科學精英，沒有理由要

走險路。有人說，這次事件顯示學界內的自我監督機制的確發揮了功能，但也另有人認為，如果薛恩稍微小心一點，就可以過關當起所長了。

2003
07/23

47. 誰都猜不到

　　「預測未來」在任何年代都是引人興趣的事，因為要是猜得著事情的演變，一定可以撈到些好處。可惜古今中外的「預言家」、「算命師」、「趨勢大師」，甚少不在歷史面前跌得鼻青臉腫。1967年，美國兩位未來學專家出版了《西元2000年》一書（此書的中文翻譯由國科會補助，國立編譯館1972年出版，臺灣書店發行，列為「最新世界名著」之一），作為掌握三十三年後的世界狀況的依據。裡頭的預言都是相當用心的合理推論，有當時美國人文與科學學院所成立的「2000年委員會」為之背書，不是江湖術士的胡扯。即便如此，其中離譜的預測還是很多。例如，「日本會勝過中共，成為支配亞洲的力量」、「德國大概保持其分裂」、「每週工作銳減，提早退休」、「天氣和氣候的某些控制」等等。當然有一些預測還是實現了，如「私人的袖珍電話」、「新的生物學與化學方法來鑑定、追蹤、褫奪資格或煩擾人民」與「家庭電腦」。不過真正的大事件，如蘇聯帝國瓦解，可是全然在意料之外。

　　總之《西元2000年》的預測結果是很典型的：在一大堆預測當中，大半是錯的，偶而有對的參差其中。從來沒有人能於事後累積出什麼清楚的規律，以便對之後的預測有所助益。如果一本書的主題是關於預言的歷史，我們或許會猜測其內容多半是過去眾多預言與爾後現實的對照，再配合上幽默的評論與犀利的分析。物理學家

保羅‧哈爾本 (P. Halpern, 1961－) 寫了一本《科學家的預言簡史》
(*The Pursuit of Destiny: A History of Prediction*)，然而它卻不是這樣
的一本書。

哈爾本自言，他這本書的意圖在於：「檢視相對論、量子理論、
混沌理論、複雜理論、宇宙學等現代物理學，長久以來如何影響人
類對宿命結局的探求。」所以哈爾本用了不少篇幅解釋深奧的狹義
與廣義相對論、海森堡與薛丁格的量子力學以及非線性力學。結果
不可避免地用上許多對於外行人而言非常新鮮的名詞，例如「張
量」、「視界」、「蛀孔」、「波函數」、「黑洞」、「量子崩潰」、「本徵
態」、「奇異吸子」等等。一般讀者不太可能從簡短的敘述中瞭解這
些現代物理學，頂多能有個模糊的概念。不過哈爾本頗會應用比喻
與歷史掌故，所以他的科學故事並不單調枯燥，一般讀者應該可以
掌握故事的主旨：拉普拉斯 (P. Laplace, 1749－1827) 的命定論
(determinism) 在實質上有其限制（著名的蝴蝶效應就是一例）。

所以《科學家的預言簡史》的重點在於說明一件事：我們對於
某些──但不是所有的──自然事件的預測，會受到不可突破的限
制。但是這一類對於預測的科學討論，恐怕不是算命師、趨勢大師
以及大眾會感興趣的。他們在意的是人（社會、國家）的命運。哈
爾本在《科學家的預言簡史》的結論裡承認，預測人事通常比預測
自然事件要難得多。為什麼如此？因為人有所謂的「自由意志」
(free will)。哈爾本說：「自由意志是生命最大的奧祕」、「自由意志
顯示人類國度的預測不可能完美。因為這些不確定，長期的社會預
測通常會失準。」這些說法其實只是普通常識而已。因為作者的意
圖不在這個困難的面相，所以《科學家的預言簡史》對於自由意志

的本質著墨不多。

　　名哲學家丹涅特 2002 年出版了 《自由在演化》 (*Freedom Evolves*) 一書，再度探討自由意志這個哲學的老問題。丹涅特是唯物主義者，認為心靈來自物質，他也是達爾文的信仰者，相信認知是演化的產物。《自由在演化》主要企圖論證命定論的涵義很微妙，並不就簡單地意味著我們全然毫無選擇可言，也就是說自由意志和物理定律之間並沒有矛盾。丹涅特不是第一個採取這種立場的人，也不會是最後一個——和他有類似看法的人還不少，他們或許是對的，但是其論證尚未能夠說服所有的人。哈爾本比較保守，僅認為自由意志是「最大的奧祕」，這種看法在目前算是「多數意見」。有人敢預言自由意志和物理定律之間的關係在本世紀內可以弄得清清楚楚嗎？

48. 科學知識一

「科學知識的意義」這話題比較硬，不是太有趣，對許多人來說甚至有些無聊──已經是清清楚楚的東西，還有什麼好談的？但是依我的經驗，還是有不少人，例如特異功能論者、某些教育界人士與文化評論者、甚或一些科學家，對於這個基本問題依然認識不足。所以我以「予豈好辯哉，予不得已也」的心情，不得已地在這裡再來談一遍所謂的科學的本質。讓我拿《高級迷信》(*Higher Superstition*) 這一本前一陣子相當引人注意的書為談論的切入點。這本書頗有意思，敢毫不留情面地指責某些人刻意或無知地抹黑科學，因此也引來了猛烈的反擊。一般人如想中肯地解讀《高級迷信》，而不只是盲目地被作者或反對者牽著走，最好先對科學知識的意義有較深入的理解。

《高級迷信》一書出版於 1994 年，作者是生化學家保羅‧格羅斯 (P. Gross, 1959-) 與數學家雷維特 (N. Levitt, 1943-2009)。這本書在美國引爆了「科學戰爭」，至今煙硝味還未完全散掉。戰爭雙方大致上是科學家對上懷抱後現代解構思想的社會學家、女性主義者與文化評論者。以哲學立場來分，科學家這一邊大體上屬「實在論者」(realist)，另一邊則可算是「相對主義者」(relativist)。雙方主要的爭執是：到底科學知識是絕對的還是相對的？或僅是科學家（特別是歐裔男性科學家）間政治協商的結果？戰爭雙方都認為對方受

限於自身的利益與意識型態，不能看穿迷霧，因而無法接受其實非常清楚明白的正確答案。

從大角度看，「科學戰爭」是「文化戰爭」的一環。那場更早的「戰役」結果是「歐洲白人文化」再也無法唯我獨尊（起碼在美國校園中），只能身列多元文化之一元而已。譬如我們都知道，莎士比亞固然好，曹雪芹 (1715-1763) 也不差。不過科學終究與文學不同吧？牛頓畢竟強過亞里斯多德，而愛因斯坦又要強過牛頓，不是嗎？科學似乎總是在進步，會一步步逼近「真理」。可是很顯然有人不接受這種單純的科學進步觀，否則戰爭也打不起來了。

哲學家孔恩是近代質疑科學進步觀的關鍵人物。他在 1962 年出版的 《科學革命的結構》（*The Structure of Scientific Revolution*，以下簡稱《結構》）被譽為二十世紀科學哲學最重要的著作，是哲學、社會科學、心理學的學生必讀之書。相對主義者幾乎都會引《結構》為權威，認為孔恩已經 「證明」 了科學理論無所謂進步可言，只是一套套流行的理論不停地替代而已。然而，孔恩自己卻完全不能接受他人對於《結構》如此的詮釋。這實在很奇怪，有點像馬克斯自認不是馬克斯主義者。不過一般論者還是認為，《結構》的推論會導致相對主義。

孔恩的學說有幾個重點：首先是 「常態科學」 (normal science) 的概念，在這個階段，科學家有共同的語言與高度的共識，對於什麼是重要而且可以解決的問題看法相同。他們共享一套完備的理論，或稱「典範」(paradigm)，科學工作主要就是以這套理論來解自然之謎。但是每一套典範總有技窮之時，總會碰到它無法處理的現象。這時科學家就要從頭開始，重新拼湊出一個新典範，以解決先前無

能為力的問題，這個階段就是科學革命。革命過後，新典範提供了新的共同語言與觀點，又再次回復到常態科學階段。所以科學的進展就是在於常態科學之間的替代。以物理學為例，牛頓力學為一典範，相對論是另一典範。孔恩認為新的常態科學較之於舊，的確更具解謎能力。這種強調典範更替，也就是科學革命的觀點已與傳統看法有別，卻還不是孔恩最聳動的看法。更重要的是，孔恩認為典範之間是「不可共量 (incommeasurable)」的。也就是說，不同典範中看事物的觀點有全面性的更換，以心理學名詞來說，典範更替是一種「蓋士塔 (Gestalt) 變換」，就好比同樣的線條，有人看到了一位老巫婆，有人則看到了一位貴婦人。在一典範中視若無睹的現象，於另一典範中可能位居核心地位。相同的詞彙在不同典範裡也有截然不同的涵義，例如「質量」一詞在牛頓力學與相對論中意義完全不同。這些不同的世界觀無所謂高下可言，所以孔恩會說：「以解謎工具而言，牛頓力學改進了亞里斯多德力學，而愛因斯坦又改進了牛頓力學。但是我看不出這些理論之間的更替，從本體論的發展 (ontological development) 而言，有個條理連貫的方向。……雖然可以理解有人會想要把這樣的立場描述成是相對主義，但我認為這是錯的。反過來說，就算這樣的立場是相對主義，我也看不出在解釋科學的本質與發展上，相對主義有什麼欠缺。」所以傳統意義下的「真理」不會出現在孔恩的學說裡。

科學的演變在孔恩的學說裡不再是緩慢的、累積的，而是斷裂的。在某些圈子裡，這種說法已成定論，而且還進一步認定科學沒有「進展」可言。這樣的看法，固然有其道理與魅力，但是仍有盲點：因為孔恩本人是理論物理博士，所以《結構》所舉的例子多以

物理學為主，因此如把孔恩的學說套上其他領域就不見得很合身。
而且就算是以物理學而論，常態科學與革命時期的分野未必就如孔
恩所宣稱的那樣清楚。但《結構》最大的盲點在於過分強調理論的
「認知」（主觀感受）問題，而輕忽了科學的實質內容在於數學（邏
輯推理）與實證（實驗）。而數學與實證很明顯的就是科學客觀性的
來源。如果沒有掌握這一點，就會過度地扭曲孔恩學說，解讀出連
孔恩自己都否認的相對主義。

49. 科學知識二

　　費曼長孔恩四歲，兩人皆出身於美國長春藤名校物理系（費曼——普林斯頓；孔恩——哈佛），也都對學問貫注最高的熱情。雖然同為學術巨人，由於領域與性情的差異，兩人大約從未相識。費曼說話一向直來直往，不模稜兩可，這是他魅力的來源。費曼對於科學的本質有自己的一套看法。例如他的《一切的意義》（*The Meaning of It All*）一書（臺灣譯為《不科學的年代》）從第一章開始就在強調科學的「不確定性」。費曼說科學所能處理的問題在本質上，都僅限於「如果我怎麼做，後果將會如何？」這一類型的問題。正是因為我們不知道後果如何，才要去研究一番，也才有科學活動。一直到答案出現之前，我們都不能懷抱「確定」的心情。

　　科學答案的判準在於實驗（或觀測）。如果實驗結果與理論推測不符，理論就是錯的。（有時候，反倒是實驗錯了，冤枉了理論。費曼沒有更進一步細緻地討論這種特殊的情況，因為這與他想表達的主旨無關。）如果實驗證實了理論，我們還是不能宣判理論為真理，因為或許當實驗的精密度提高了，理論的缺失才會顯現出來。所以每一個科學定律頭上都懸著一把劍，一旦發現了新現象，劍都可能落下，殺掉定律。費曼在《不科學的年代》中舉了個例子：人們曾經相信一個物體的重量與它的運動狀況無關。比如說，我們測量一個轉動陀螺的重量，等陀螺停下來，再量一次，結果兩者一樣重。

可是如果我們可以改進測量技術，例如精準到十億分之一，就可發現，旋轉的陀螺會比較重一點。如此一來原先重量不變的假設就要受到修正。每一次我們修改了舊定律，科學就往前進了一步。比較大的變更，就有人會稱之為「科學革命」。

我曾經被不少信仰特異功能（例如隔瓶取物）的人士質問：為什麼這樣固執，不肯相信那些對於他們來說非常真實的現象。他們顯然都很清楚任何科學定律均可能「朝不保夕」──歷史上例子太多了。以特異功能來推翻科學定律有什麼不對嗎？其實他們對於「科學的不確定性」只知其一，不知其二──固然任何一項科學知識都可能出錯而需要修正，但是出錯的機率有大小可言。有些知識被修正的機會或許大一些，有些則是非常小。只談論修正（推翻）科學知識之可能而不談論其機率大小，就沒有捉住科學知識的意義。費曼說：「今天我們稱之為科學知識的東西，是一堆我們不能確定的敘述，只不過不確定的程度不一。其中有些我們很沒有把握，有些則幾乎敢肯定是對的，但是沒有任何一項是可以絕對確定的。」哪一些科學知識我們「幾乎敢肯定是對的」呢？例子很容易舉：原子論、能量守恆、動量守恆等。大家在課本上學到的科學知識多半是我們幾乎可以確定的。

另一種看待「不確定性」的方式是認清每一項科學敘述都有其適用範圍，有些範圍大，有些小。例如牛頓力學在微觀世界就不適用，物體速度太大時也不適用。但除此之外，牛頓力學是個非常棒的理論，它可以精準地描述一般尺度的眾多物理現象。有時會聽到人們說，牛頓力學被相對論推翻了，是個錯誤的理論；這樣的說法太過粗糙，我從不這麼講。

　　假如我們聽說有人能夠隔瓶取物，亦即將物體，例如藥丸，放在瓶子裡頭，把瓶口封起來，拿在手裡搖晃，就可以把藥丸搖出來。從科學的角度我們可以如何看待呢？首先，如果這是真的，則能量守恆定律就有漏洞了。因為瓶壁構成一種極大的位能障礙，搖晃的藥丸沒有足夠的動能可以克服此位能障礙（即打破瓶子），除非藥丸可以無緣無故地違逆能量守恆，以我們不理解的方式穿壁而過。目前已知只有微觀的物體，例如電子，才可能如此，但是機率極低。對於巨觀物體，如藥丸，能量守恆定律還沒有出錯過。所以我們得面臨一個選擇：不是能量不守恆，就是「隔瓶取物」只是一項魔術表演，而不是一件「真實」事件。可是因為能量守恆已經歷了無數的考驗，所以合理的推測應該是「隔瓶取物」為魔術表演的機率近乎於一。假設隔瓶取物為真，明確地否定了我們的推測，科學就有了重要的新發現，又向前推進一大步。可惜至目前為止，能量守恆定律還是屹立不搖。

　　其他的特異功能現象，包括被不少人看好的手掌識字，也都與我們相當有信心的科學定律有衝突（否則也不會被認定是「特異」功能），所以同樣地，成立的機率也非常低。（有人在見證特異功能表演時，因為看不出魔術的手法，所以就相信其為真。不要忘了，成功的魔術本來就是要你看不出其手法的。）

　　我們之所以要學習科學，原因之一就是這些知識能讓我們在面對每一個現象時有個判斷的依據。我們固然隨時得有迎接意外的準備，但是也應該合理地尊重科學知識，否則盲目追求「革命」只有浪費時間與資源而已。所謂懷抱開放的心胸絕不等於把前人累積的知識拋在一邊。這裡有些分寸頗不易拿捏，科學教育的困難就在此。

可靠與不可靠的科學知識有沒有明確的分野呢？大致上可以這麼看：較可靠的知識，實驗（或觀測）與理論推算（論）配合得非常緊密，而且相當多不同的現象也可以在理論中連接起來。依經驗，這種科學知識較不受社會文化因素的左右。合理地看，說這些知識有「普適性」(universality) 也不為過。當然依費曼的態度，還是要提防我們有了過度的信心以至不自覺地限制了自己。

50. 科學知識三

$E = MC^2$ 是不是真理？依孔恩的「典範」與「不可共量」說，任何科學知識只有放在特定典範中才有意義，所以他應該會答說不是。然而費曼又會怎麼講呢？他根本不會在乎這種有哲學意味的「非問題」，對他來說，$E = MC^2$ 到目前也還沒出錯過，所以大概是對的。不過他不會接受「典範」之間的「不可共量性」有孔恩所想的那麼嚴重。費曼一再強調，科學依賴數學與實驗，這兩者相輔相成所累積出來的科學知識往往超越直觀認知的範疇。有數學推論為後盾的「蓋士塔轉換」不但不會成為溝通的障礙，反而提供學者多元想像的跳板。以孔恩與費曼為坐標，有人比孔恩更「左」，根本不承認科學知識與其他知識相比有任何不一樣之處，全都是由人類在特定的文化社會時空下建構出來的。反之，也有很多科學家比費曼更「右」，認定他們的科學定律不但放諸四海皆準，即使在宇宙的另一端其形式也還是一模一樣（也就是說，高等外星文化中也必然有量子力學與馬克斯威爾方程式）。

科學的確是人類建構出來的，這個看法大概不需質疑。但採極端「社會建構論」者，相信不同文化、社會都有其自己獨特的科學。而且科學知識的形成不受任何「客觀事實」的約束，純然是政治力運作的結果。這種不承認普適性的相對主義式見解，不能說沒有些微的道理，但卻是見樹不見林，完全沒有掌握住近代科學的內涵，

無知地低估數學與實驗的「客觀性」──起碼在宇宙中地球這個角落。他們不知道想要以人的意志（政治力）去更動數學或實驗的結論，而不出現問題與矛盾，是極端困難的事。

　　《高級迷信》的作者格羅斯與雷維特，攻擊的主要目標就是極端的「社會建構論」。兩位作者首先告訴我們，懷抱這種荒唐看法的學界人士還算不少，其中很多也是美國校園中的明星教授。一般來講，他們在政治光譜上位屬「左派」，懷有「後現代」文化品味。一位自認是「老左派」的紐約大學教授索卡 (A. Sokal, 1955-) 看了《高級迷信》，決定測試一下美國人文學界裡是否真有如格羅斯與雷維特所描述的、那樣離譜的一群人。索卡本人（又！）是理論物理學家。在 1995 年，他模仿後現代文體，大量使用艱深的專業術語，胡謅了一篇玩笑「論文」，用了個有模有樣的題目〈逾越邊界：邁向量子重力論的一個轉換詮釋學〉 (*"Transgressing the Boundaries: Toward a Transformative Hermeneutics of Quantum Gravity"*)，投稿到《社會文本》(*Social Text*) 這個後現代文化研究雜誌，結果就登出來了。索卡立即公開宣布這是一個玩笑測試，讓《社會文本》的編輯非常難堪，兩邊當然結下不能善了的樣子。索卡卻又「乘勝追擊」，與一位比利時物理學家合作寫了《學術的騙局》 (*Fashionable Nonsense*) 一書，針對法國後現代文化評論家在著作中亂套用他們自己根本就不瞭解的艱深科學詞彙、這一種浮誇的「壞習慣」，大加撻伐。這樣一來，戰場又拉大了。美國及歐洲學界很多人都捲入了這場牽連甚廣的口角。明星級學者如德希達 (J. Derrida, 1930-2004)、拉圖 (B. Latour, 1947-)、納格爾 (T. Nagel, 1937-)、道金斯、萬伯格等皆主動或被動地也得各自選邊站。一時非常熱鬧，很有看頭。

　　就像其他的公開論戰一樣，雙方當然都宣稱對方扭曲了自己的論點。大致上，科學家頗有得理不饒人的架式，社會建構論者只能防衛。不過科學家終究沒有作細膩哲學分析的本事，所以論點還是讓人覺得有所不足。以解析爭端為業的哲學家，當然不會放過表現的機會。例如哈金 (I. Hacking, 1936-) 在 1999 年出了一本《什麼的社會建構？》(*The Social Construction of What?*)，不令人意外地指出，如果仔細釐清「建構」的意義，雙方都有對也有錯的部分。不過哈金的這種「客觀」立場，無可避免地隨伴著曖昧性，因而給了一些書評主觀地將哈金解讀成站在某一陣營講話的空間。

　　科學 （加上技術） 已是現代社會中享有高度權威的一種建制 (institution)。我猜測部分的左派借用社會建構論來攻擊科學，有一個可以同情的動機，就是如果能將科學知識的「真理性」解構掉，科學就失去權威，則所謂的「科學霸權」也就跟著無所立足了。科學家在現代社會以「真理」代言人自居，一方面是真誠（天真？）的信念，一方面是捍衛自己的利益。他們頗有本事，能夠說服社會，相信追求新的「科學知識」是非常重要而且有意義的事。問題在於「科學知識」相當昂貴。社會大眾如何能有把握科學家不會胡搞，浪費掉資源於其實不是太有意義的科學研究上？尤其是一般人沒有足夠的專業知識，怎麼和「科學霸權」周旋？怎麼下判斷呢？費曼說科學沒法子回答「應不應該」的問題。科學好不好？科學何價？這些大哉問我們真不知道該如何看待。可以確定的是，這些問題不是「社會建構論」可以應付的。

　　關於科學，愛因斯坦有幾句話在今天仍是很值得回味。其一，**「在漫長的一生，我學到了一件事：一切科學，和現實相較可說是**

既原始又幼稚，但它卻是我們所擁有最珍貴的東西。」其二，「真是奇怪，科學在以前似乎於人無害，現今竟然演化成令人戰慄的惡夢。」其三，「要改善世界的狀況不能僅僅依賴科學知識，而是要實踐人類的傳統與理想。」

2006 年版後記

　　筆者趁此再刷之機會，除了修訂初版中已知疏漏之處外，並增補各篇文章之原始出處和發表日期。本書收錄之文章，除了〈21. 為什麼是薛丁格？〉一文為《生命是什麼？》中譯本（貓頭鷹出版社，2000 年）之導言外，其餘皆首見於〈中央日報副刊〉。

2022 年版後記

　　本書這次重新排版發行，內容和 19 年前的第一版相比，除了對於某些外文人名的翻譯稍做調整，以及在〈34. 天才〉與〈35. 獨一無二〉兩篇各增一小段後記之外，內容並無更動。

人名索引

—— 中文人名 ————————

作者：潘震澤

科學讀書人──一個生理學家的筆記

「科學與文學、藝術並無不同，
都是人類最精緻的思想及行動表現。」

★ 第四屆吳大猷科普獎佳作

★ 入圍第二十八屆金鼎獎科學類圖書出版獎

★ 好書雋永，經典再版

科學能如何貼近日常生活呢？這正是身為生理學家的作者所在意的。在實驗室中研究人體運作的奧祕之餘，他也透過淺白的文字與詼諧風趣的筆調，將科學界的重大發現譜成一篇篇生動的故事。讓我們一起翻開生理學家的筆記，探索這個豐富又多彩的科學世界吧！

作者：沈惠眞
譯者：徐小為

有點廢但是很有趣！
日常中的科學二三事

★獨家收錄！作者特別寫給臺灣讀者的章節──野柳地
　質公園的女王頭！

科學不只是科學家腦中的沉悶知識，也是日常生活中各種現象背後的原理！

作者以敏銳的觀察、滿滿的好奇心，從細微的生活經驗中，發現背後隱藏的科學原理。透過「文科的腦袋」，來觀看、發現這個充滿「科學原理」的世界；將「艱澀的理論」以「文學作者」的筆法轉化為最科普的文章。

裡面沒有艱澀的專有名詞、嚇人的繁雜公式，只有以淺顯文字編寫而成的嚴謹科學。就像閱讀作者日常的筆記一般，帶您輕鬆無負擔地潛入日常中的科學海洋！

主編：
王道還、高涌泉

歪打正著的科學意外

有些重大的科學發現是「歪打正著的意外」？！
然而，獨具慧眼的人才能從「意外」窺見新發現的契機。

科學發展並非都是循規蹈矩的過程，事實上很多突破性的發現，都來自於「歪打正著的意外發現」。關於這些「意外」，當然可以歸因於幸運女神心血來潮的青睞，但也不能忘記一點：這樣的青睞也必須仰賴有緣人事前的充足準備，才能從中發現隱藏的驚喜。

本書收錄臺大科學教育發展中心「探索基礎科學講座」的演講內容，先爬梳「意外發現」在科學中的角色，接著介紹科學史上的「意外」案例。透過介紹這些經典的幸運發現我們可以認知到，科學史上層出不窮的「未知意外」，不僅為科學研究帶來革命與創新，也帶給社會長足進步與變化。

主編：
林守德、高涌泉

智慧新世界 圖靈所沒有預料到的人工智慧

辨識一張圖片居然比訓練出 AlphaGo 還要難？！
AI 不止可以下棋，還能做法律諮詢？！
AI 也能當個稱職的批踢踢鄉民？！

這本書收錄臺大科學教育發展中心「探索基礎科學講座」的演說內容，主題圍繞「人工智慧」，將從機器實習、資料探勘、自然語言處理及電腦視覺重點切入，並重磅推出「AI 嘉年華」，深入淺出人工智慧的基礎理論、方法、技術與應用，且看人工智慧將如何翻轉我們的社會，帶領我們前往智慧新世界。

作者：李傑信

穿越 4.7 億公里的拜訪：
追尋跟著水走的火星生命

NASA 退休科學家一李傑信深耕 40 年所淬煉出的火星之書！
想要追尋火星生命，就必須跟著水走！

★ 古今中外，最完整、最淺顯的火星科普書！

火星為最鄰近地球的行星，自古以來，在人類文明中都扮演著舉足輕重的地位。這顆火紅的星球乘載著無數人類的幻想、人類的刀光劍影、人類的夢想、人類的逐夢踏實路程。前 NASA 科學家李傑信博士，針對火星的前世今生、人類的火星探測歷史，將最新、最完整的火星資訊精粹成淺顯易懂的話語，講述這一趟跨越漫長時間、空間的拜訪之旅。您是否也做好準備，一起來趟穿越 4.7 億公里的拜訪了呢？

主編：
高文芳、張祥光

蔚為奇談！宇宙人的天文百科

宇宙人召集令！
24 名來自海島的天文學家齊聚一堂，
接力暢談宇宙大小事！
最「澎湃」的天文 buffet

這是一本在臺灣從事天文研究、教育工作的專家們共同創作的天文科普書，就像「一家一菜」的宇宙人派對，每位專家都端出自己的拿手好菜，帶給你一場豐盛的知識饗宴。這本書一共有 40 個篇章，每篇各自獨立，彼此呼應，可以隨興挑選感興趣的篇目，再找到彼此相關的主題接續閱讀。

主編：
洪裕宏、高涌泉

心靈黑洞 —— 意識的奧祕

意識是什麼？心靈與意識從何而來？
我們真的有自由意志嗎？
植物人處於怎樣的意識狀態呢？
動物是否也具有情緒意識？

過去總是由哲學家主導辯論的意識研究，到了 21 世紀，已被科學界承認為嚴格的科學，經由哲學進入科學的領域，成為心理學、腦科學、精神醫學等爭相研究的熱門主題。本書收錄臺大科學教育發展中心「探索基礎科學系列講座」的演說內容，主題圍繞「意識研究」，由 8 位來自不同專業領域的學者帶領讀者們認識這門與生活息息相關的當代顯學。這是一場心靈饗宴，也是一段自我了解的旅程，讓我們一同來探索《心靈黑洞——意識的奧祕》吧！

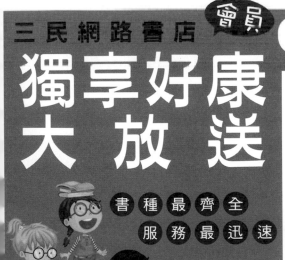

國家圖書館出版品預行編目資料

另一種鼓聲：科學筆記／高涌泉著.－－二版一刷.－
－臺北市：三民，2022
　　面；　公分.－－（科學+）

　ISBN 978-957-14-7402-1　（平裝）
　1.科學 2.通俗作品

307　　　　　　　　　　　　　　　111001574

科學+

另一種鼓聲——科學筆記

作　　　者	高涌泉
發 行 人	劉振強
出 版 者	三民書局股份有限公司
地　　　址	臺北市復興北路 386 號 (復北門市)
	臺北市重慶南路一段 61 號 (重南門市)
電　　　話	(02)25006600
網　　　址	三民網路書店 https://www.sanmin.com.tw
出版日期	初版一刷 2003 年 11 月
	初版四刷 2015 年 5 月
	二版一刷 2022 年 7 月
書籍編號	S300100
I S B N	978-957-14-7402-1

三民書局